四川省工程建设地方标准

四川省建设工程项目管理标准

Standard of construction engineering project management in Sichuan Provice

DBJ51/T 101 - 2018

主编部门：四 川 省 住 房 和 城 乡 建 设 厅
批准部门：四 川 省 住 房 和 城 乡 建 设 厅
施行日期：2 0 1 9 年 2 月 1 日

西南交通大学出版社

2019 成 都

图书在版编目（CIP）数据

四川省建设工程项目管理标准 /四川省政府投资非经营性项目代建中心，四川西南工程项目管理咨询有限责任公司主编. —成都：西南交通大学出版社，2018.11（2019.7 重印）
（四川省工程建设地方标准）
ISBN 978-7-5643-6591-2

Ⅰ. ①四… Ⅱ. ①四… ②四… Ⅲ. ①建筑工程 – 项目管理 – 地方标准 – 四川 Ⅳ. ①TU71-65

中国版本图书馆 CIP 数据核字（2018）第 265940 号

四川省工程建设地方标准

四川省建设工程项目管理标准

主编单位 四川省政府投资非经营性项目代建中心
四川西南工程项目管理咨询有限责任公司

责任编辑	姜锡伟
封面设计	原谋书装
出版发行	西南交通大学出版社 （四川省成都市二环路北一段 111 号 西南交通大学创新大厦 21 楼）
发行部电话	028-87600564　028-87600533
邮政编码	610031
网址	http://www.xnjdcbs.com
印刷	成都蜀通印务有限责任公司
成品尺寸	140 mm × 203 mm
印张	3.5
字数	88 千
版次	2018 年 11 月第 1 版
印次	2019 年 7 月第 2 次
书号	ISBN 978-7-5643-6591-2
定价	32.00 元

各地新华书店、建筑书店经销

关于发布工程建设地方标准《四川省建设工程项目管理标准》的通知

川建标发〔2018〕969号

各市州及扩权试点县住房城乡建设行政主管部门，各有关单位：

由四川省政府投资非经营性项目代建中心、四川西南工程项目管理咨询有限责任公司主编的《四川省建设工程项目管理标准》已经我厅组织专家审查通过，现批准为四川省推荐性工程建设地方标准，编号为DBJ51/T 101 - 2018，自2019年2月1日起在全省实施。

该标准由四川省住房和城乡建设厅负责管理，四川省政府投资非经营性项目代建中心负责技术内容解释。

四川省住房和城乡建设厅

2018年11月12日

前 言

本标准根据四川省住房和城乡建设厅 2017 年 4 月 1 日《关于下达工程建设地方标准〈四川省建设工程项目管理标准〉编制计划的通知》（川建标发〔2017〕217 号）的要求编撰。

在本标准编撰过程中，编制组进行了广泛的调查研究，征求了有关单位的意见，吸收总结了省内多年项目管理的研究成果和实践经验，并贯彻了国家新近出台的有关建设工程项目的政策规范。

本标准共分 9 章 4 个附录，内容包括：总则、术语、基本规定、项目决策阶段管理、建设准备阶段管理、建设实施阶段管理、竣工验收及移交阶段管理、质量保修阶段管理、项目管理工作总结等。

本标准由四川省政府投资非经营性项目代建中心负责解释，在执行过程中如有意见或建议，请反馈给四川省政府投资非经营性项目代建中心（地址：四川省成都市人民南路四段 36 号；电话：028-85568629；邮箱：4525679@qq.com；邮编：610041），以供今后修订时参考。

主 编 单 位： 四川省政府投资非经营性项目代建中心
四川西南工程项目管理咨询有限责任公司

参 编 单 位： 四川华信工程造价咨询事务所有限责任公司
晨越建设项目管理集团股份有限公司
四川开元工程项目管理咨询有限公司

主要起草人： 杨 搏 吕叔鹏 邱景涛 杨蜀梅
张 斌 帅志兴 李治宗 万良能
王 炜 王和林 龙海军 王岳峰
王 安 王建宾 黄 宇 熊 义

张坤生　张　蕾　陈　倩　任　茹
杨娅婷　谢　伟　冯玉翔　周　琤

主要审查人：王兆刚　汪丰成　曹成安　周　涛
刘　民　易红兵　陈　鹏

目　次

Contents

1 总　则

1.0.1 为规范我省建设工程项目管理程序和行为，提高项目管理水平，制定本标准。

1.0.2 本标准适用于项目管理单位在房屋建筑工程及市政基础设施的工程中的项目管理活动。

1.0.3 建设工程项目管理，除应符合本标准外，尚应符合国家现行有关标准的规定。

2 术 语

2.0.1 建设工程项目 construction engineering project

为完成依法立项的新建、扩建、改建等各类工程而进行的，有起止日期的，达到规定要求的一组相互关联的受控活动组成的特定过程，包括策划、勘察、设计、采购、施工、试运行、竣工验收和考核评价等。简称为项目。

2.0.2 建设工程项目管理 construction project management

运用系统的理论和方法，对建设工程项目进行的计划、组织、指挥、协调和控制等专业活动。简称为项目管理。

2.0.3 项目管理单位 project management organization

根据组织授权，按照合同约定，代表建设单位对工程项目的组织实施进行全过程或若干阶段的管理和服务的项目管理的企业。

2.0.4 项目管理单位项目经理 project manager

项目管理单位建立以项目经理责任制为核心，对项目实行质量、进度、投资、安全管理的责任保证体系和全面提高项目管理水平设立的重要管理岗位。

2.0.5 项目管理规划大纲 project management planning outline

项目管理单位编制的全面开展建设工程项目管理工作的指导性文件。

2.0.6 项目管理实施规划 project management implementation planning

由项目经理依据项目管理规划大纲及项目特征主持编制，指导建设工程项目实施过程中的管理实施文件。应包含各类管理制度。

3 基本规定

3.0.1 本标准工程建设参建单位名称规范使用为：建设单位、项目管理单位、设计单位、招标代理单位、造价咨询单位、监理单位、勘察单位、施工单位等。

3.0.2 项目管理单位应根据项目性质、建设模式、特征等组织建立经建设单位确认的项目管理体系，主要内容宜包含项目管理范围、项目管理组织、项目管理流程、项目管理制度、相关方管理、项目信息管理等。

3.0.3 项目管理单位应根据项目管理规划大纲并针对项目实际情况编制项目的管理实施规划。

3.0.4 项目管理单位应对项目经理授权，出具授权文件。

3.0.5 项目管理单位应明确项目部管理人员岗位职责并上墙公示。

3.0.6 项目管理单位应每季度对项目管理部进行检查，形成检查记录。

3.0.7 项目管理单位应根据项目情况每月向建设单位提交项目管理月报，内容宜包括进度、质量、安全、投资、工作计划及需协调解决的问题等内容。

3.0.8 项目管理单位应编制项目部的文件资料管理制度，明确项目部的文件资料立卷、归档、编码原则及文件资料收、发、传递流程。

3.0.9 项目管理单位应根据合同约定对相关参建单位进行管理、考核。

3.0.10 项目管理单位应协助建设单位选择具有相应能力的招标代理单位，委托其办理招标事宜，依法开展招标投标活动。项目管理单位若具有编制招标文件和组织评标能力的，根据相关法律法规可在同一项目中承担招标代理工作。

3.0.11 项目管理单位应协助建设单位选择具有相应能力的造价咨询单位，依法开展造价咨询工作。项目管理单位若具有相应资质及能力的，受建设单位委托可在同一项目中承担造价咨询工作。

4 项目决策阶段管理

4.0.1 项目决策阶段应编制项目建议书、选址意向方案、水土保持报告、节能评估、环境影响评价、可行性研究报告，并取得批复文件。

4.0.2 项目管理单位应完成或协助建设单位完成项目决策阶段的各项工作。

4.0.3 建设单位在项目决策阶段应按下列步骤进行：

1 确定具有相应能力且符合相关规定的编制单位；

2 向编制单位进行使用功能要求交底，并提供相关资料；

3 督促编制单位编制相应报告；

4 复核检查编制成果；

5 向相关部门报批；

6 取得批复文件。

4.0.4 项目决策阶段报批应完成以下工作：

1 编制项目建议书并取得批复文件；

2 编制项目选址意向方案并取得批复文件；

3 编制项目节能评估报告并取得批复文件；

4 编制项目水土保持报告并取得批复文件；

5 编制项目环境影响评价并取得批复文件；

6 编制项目可行性研究报告并取得批复文件；

7 行政主管部门对报批工作另有要求的，从其规定。

4.0.5 项目管理单位应完成或协助建设单位完成向具有审批权限的行政主管部门递交报批文件。

4.0.6 项目管理单位应按或协助建设单位按行政主管部门的流程完成报批工作。

4.0.7 在项目建议书和可行性研究报告编制阶段，项目管理单位应完成或协助建设单位组织投资估算的编制和报批，对工程咨询单位编制的投资估算的客观性、全面性、合理性进行审核。

4.0.8 可行性研究报告经批准后，其投资估算额即作为建设项目投资的最高限额，不得随意突破。

5 建设准备阶段管理

5.1 一般规定

5.1.1 建设准备阶段应包含合同、招标、投资控制、报建、勘察、设计等方面的工作内容。项目管理单位应代表建设单位对各参建单位进行有效组织、协调管理，确保项目建设准备阶段各项任务顺利完成。

5.1.2 项目管理单位应根据各参建单位合同的要求，进行履约监督并审查各参建单位配备的人员数量、执业资格等。

5.2 合同管理

5.2.1 项目管理单位应完成或协助建设单位根据项目采用的建设模式，确定项目建设相关服务内容，与其他相关工程服务单位签订相应的合同。

5.2.2 项目管理单位受建设单位委托应完成或协助建设单位进行合同规划、洽商、签订、履约管理、考核及争议处理。

5.2.3 项目管理单位应根据项目签订的各类合同进行科学、系统的管理控制，以保障项目合同管理工作有序推进。

5.2.4 项目管理单位应建立项目合同管理制度，明确合同管理体系、组织、职责、内容及流程等。

5.2.5 根据建设项目的特征、现状及建设单位自身资源条件，项目管理单位应编制或协助建设单位编制相应的项目合同文件，系统梳理并明确项目合同实施涉及的合同各方面内容。

5.2.6 项目管理单位应与相关参建单位针对合同进行洽谈，完善合同文件内容，报建设单位批准并签订合同。

5.2.7 项目管理单位应建立各类合同台账，在合同的实施过程中应对合同执行情况进行有效的跟踪、梳理及分析，处理合同实施可能涉及的变更、违约及争议等事宜；在合同实施过程中对可能存在的风险情况，应及时做好风险预控措施。

5.2.8 项目管理单位应对合同进行收集、整理，做好合同文件档案的移交和存档。

5.2.9 项目管理单位受建设单位委托应在合同履行期间对相关参建单位进行履约考核，对合同履行的投资、质量、进度及安全文明施工等各方面进行综合考核并存档。

5.3 招标管理

5.3.1 项目管理单位应根据项目合同规划编制招标策划方案，报建设单位同意后实施招标管理。招标策划方案应包含以下内容：

1 界定招标工程范围；

2 审核招标条件；

3 标段划分；

4 确定工期；

5 招标时间安排；

6 确定合同策略。

5.3.2 项目管理单位应根据招标策划方案协助建设单位确定项目的勘察单位、设计单位、监理单位、施工单位和其他参建单位。

5.3.3 项目管理单位应主持对招标代理单位编制的招标文件进行审核。招标文件应根据项目特点、项目规模、项目管理模式、承发包方式、合同价款方式、工程计价方式等因素综合选用国家、部门或行业发布或允许使用的标准范本并结合实际情况编制。采用电子招标的，尚应符合电子招标的相关规定。

5.3.4 项目管理单位应主持对造价咨询单位编制的工程量清单和招标控制价进行审核。工程量清单和招标控制价应根据国家现行标准、工程量清单计价规范、现行计价定额和相应配套文件进行编制。项目管理单位应对造价咨询单位编制的成果文件进行审核，出具审核意见。财政主管部门有要求的，还应报送财政主管部门或其指定的单位审核。

5.3.5 项目管理单位应将招标文件、工程量清单和招标控制价及审核意见报送建设单位审核批准。

5.3.6 项目管理单位应完成或协助建设单位对招标准备、开标、评标、公示、合同签订、备案等工作及相应的异议、投诉与处理进行全过程管理。

5.3.7 在招标投标过程中，收到投标人或其他利害关系人提出的异议后，项目管理单位应在规定的时间内以招标人名义及时回复。相关行政监督部门受理投标人或其他利害关系人提出的投诉后，项目管理单位应积极配合进行处理。

5.3.8 依法必须招标范围以外的工程项目及服务，可以采用比选、竞争性谈判、询价采购等竞争性方式或采用委托方式进行发包或采购。主管部门另有规定的，从其规定。

5.4 投资管理

5.4.1 项目管理单位应按项目的性质、规模和发承包方式，建立覆盖项目全过程的投资管理体系、组织和制度，配备相应专业人员，按照经批准的项目管理实施规划，通过组织、管理、控制以实现项目投资管理控制目标。

5.4.2 项目管理单位应对造价咨询单位进行管理、监督和协调，对造价咨询成果进行复核。

5.4.3 在设计阶段，项目管理单位应当主持设计概算和施工图预算（若有）的编制和报批，对设计概算和施工图预算客观性、全面性、合理性进行审核。

5.4.4 设计概算应控制在批准的投资估算范围内，施工图预算应控制在已批准的设计概算范围内。

5.4.5 项目管理单位应在设计阶段进行限额设计管理。限额设计应贯穿方案设计、初步设计和施工图设计等各设计阶段。限额设计工作可委托造价咨询单位配合设计单位共同完成。

5.4.6 采取工程总承包方式进行发包的，应在工程总承包合同条款中明确限额设计的要求并进行限额设计管理。

5.4.7 工程量清单和招标控制价编制管理应按本标准第 5.3 节的规定执行。

5.4.8 在施工合同签订前，项目管理单位应组织对中标施工单位的投标文件和投标报价进行分析，形成清标报告。

5.5 报建管理

5.5.1 项目管理单位应取得或协助建设单位取得方案设计规划审批、初步设计审查、施工图设计行政审查、建设用地规划许可证、建设工程规划许可证、建设工程施工许可证等阶段性报建成果文件及其他相关报建成果文件。

5.5.2 项目管理单位应按工程“三通一平”的开工条件要求平整场地，协助建设单位申办临时用水、用电、建筑红线、水准点等开工前现场报建手续。

5.5.3 项目管理单位应组织相关单位完成坐标放线、文物勘探、土壤氡气浓度检测等开工前的相关工作，并取得相应成果文件。

5.5.4 项目管理单位应督促或协助建设单位督促勘察单位按项目进展情况完成工程地质勘察工作，取得工程勘察报告。

5.5.5 项目管理单位应督促或协助建设单位督促施工图技术审查单位完成地勘报告及设计文件的审查工作，取得相应的审查报告。

5.5.6 项目管理单位应协助建设单位办理报建费核缴工作。

5.5.7 项目管理单位应组织相关单位及时完成安监备案、质监备案、施工现场勘验等相关手续。

5.5.8 项目管理单位应落实或配合建设单位落实项目周边供水、供电、供气、市政接口等相关情况，并及时将资料发给相关参建单位。

5.5.9 项目管理单位应完成建设项目可能涉及消防论证、节能专项审查、超限论证等特殊性报建工作的相关事项，并应符合项目所在地行政主管部门对报建工作的要求。

5.5.10 项目管理单位应及时跟踪设计、施工阶段的设计变更等资料的管理。需对变更资料重新进行报审的，应完善相关报审工作。

5.5.11 项目管理单位应根据完成各项审批和工作任务所需时间的要求，制订本阶段相关的报建工作计划表并及时对报建工作计划进行跟踪及纠偏。

5.5.12 项目管理单位应配合建设单位完成报建资料的归档、保管、移交。

5.5.13 项目管理单位应配合建设单位做好与各部门的协调沟通工作。

项目报建管理用表可参照本标准附录表 A.1.1~表 A.1.4 的要求填写。

5.6 勘察设计管理

5.6.1 项目管理单位应编制勘察设计管理制度，组织、管理勘察单位、设计单位、专项设计单位等的工作。

5.6.2 项目管理单位应会同勘察单位、设计单位共同协助建设单位明确项目功能和需求，组织相关单位的配合工作，根据功能需求报告，组织相关单位编制各阶段的设计任务委托书。设计任务书应全面反映建设单位的需求，确定设计标准及工程所需材料、设备的标准，明确各阶段各专业的限额设计投资目标。项目功能和需求明确表可按本标准附录表 A.2.1 的要求填写。

5.6.3 项目管理单位应督促设计单位按进度计划完成各阶段的设计工作，协助建设单位按程序完成设计报审工作，取得审查批复。

5.6.4 项目管理单位应收集、整理、传递、归档各单位和各类设计信息，并组织设计专题会议。

5.6.5 项目管理单位应协助建设单位为设计单位提供相关资料，并督促设计单位根据进度计划完成相关设计工作。

5.6.6 项目管理单位应按设计任务书的要求，复核设计单位提交的各类设计成果并提出合理化建议。

设计成果复核表可参照本标准附录表 A.2.2 的要求填写。

5.6.7 项目管理单位应组织完成设计相关的报建工作，包括方案设计报审、初步设计报审、施工图设计审查等。

5.6.8 项目管理单位应保护建设单位和勘察、设计单位关于勘察设计成果的知识产权。

5.6.9 项目管理单位应提醒并协助建设单位对使用功能、建设标准、设计任务书、方案设计、初步设计、施工图设计等进行确认。

5.6.10 在工程勘察阶段，项目管理单位应协助建设单位完成以下主要工作：

1 项目管理单位应根据工程勘察任务拟订工程勘察工作计划；

2 项目管理单位应提前准备基础资料，并审查工程勘察纲要与合同的符合性、工作方案的合理性及工作进度计划。

5.6.11 在工程设计阶段，项目管理单位应协助建设单位完成以下主要工作：

1 项目管理单位宜审查设计方案与城市建设要求的协调性，使之符合国家现行有关标准的规定和当地有关工程建设中的方针政策；

2 项目管理单位应审查项目涉及的各项技术经济指标，协助建设单位和设计人员优选功能合适且技术经济指标较好的设计方案；

3 项目管理单位应协助建设单位拟定工程设计目标、参与工程设计招标、参与设计合同的拟定及洽谈和提供设计所需的基础资料；

4 项目管理单位应审核设计进度计划；

5 项目管理单位应参与设计方案优选，提供初步设计阶段的基础性资料，做好与政府部门、设计单位的协调和沟通工作，并定期召开设计协调会。

6 建设实施阶段管理

6.1 一般规定

6.1.1 建设工程项目实施阶段是工程设计意图的最终实现并形成工程实体的阶段；项目前期各项手续应已具备，施工设计文件应已通过审查，各参建单位应已确定并签订合同进场。

6.1.2 项目管理单位应根据工程项目总体要求，按照建设程序和批准的施工图及建设规模、内容、标准制定项目建设实施阶段的投资、工期、质量、安全等管理总体目标。

6.1.3 项目管理单位应根据项目管理规划大纲并针对项目实际情况编制项目实施阶段的管理实施规划。

6.1.4 项目管理单位应对各参建单位进行有效组织、协调、实施管理。

6.1.5 项目管理单位应对项目实施阶段的设计、投资、进度、质量、安全文明施工、试验、验收等建设过程进行管理。

6.1.6 项目管理单位应代表建设单位组织召开施工图设计文件交底会和施工图设计文件会审会议，督促施工单位完善会议纪要及参会各方对会议纪要签认。

6.1.7 项目管理单位应对施工阶段的设计工作进行管理。

6.1.8 受建设单位委托，项目管理单位应主持召开第一次工地会议及主持召开各种专题会议，参加监理例会并协调处理相关问题。

6.2 投资管理

6.2.1 项目管理单位应建立项目实施阶段工程造价管理制度与流程等，具体明确实施阶段建设单位、项目管理单位、设计单位、施工单位、监理单位、造价咨询单位的具体职责和工作流程。

6.2.2 项目管理单位应对造价咨询单位进行管理、监督和协调，对提交的造价咨询成果进行复核。

6.2.3 项目管理单位应掌握并督促造价咨询单位掌握工程造价主管机构发布的人工费、材料费等的信息价变化情况，督促造价咨询单位核算并预判项目投资控制的风险，确保不超过经批准后的概算金额。

6.2.4 建设实施阶段投资管理主要工作内容应包括：合同价复查；编制建设项目资金使用计划；工程计量与支付审核；变更、签证及索赔审核；材料、设备的询价与核价；工程造价动态管理等。

项目资金使用计划表、资金支付审核表、工程合同与资金支付台账、签约合同价与费用支付情况表、材料（设备）询价（核价）表编制格式可分别参考本标准附录表 B.1.1 ~ 表 B.1.11 的格式编制和填写。

6.2.5 项目管理单位应组织造价咨询单位对承包人的合同价进行全面详细复查，分析存在的问题，根据复查结果制定防范措施和实施合同交底。

6.2.6 项目管理单位应组织造价咨询单位编制项目资金使用计划，在建设实施过程中，还应根据工程量变化、工期、建设单位资金情况等适时调整资金使用计划。

6.2.7 项目管理单位应当根据工程施工或采购合同中有关的工程计量周期、时间及合同价款支付时间等约定，组织相关单位进行工程计量与支付审核，并签署审核意见，建设单位应根据项目管理单位审核意见按合同约定付款。

6.2.8 项目管理单位应对所有项目建立合同和资金支付台账，每月编制签约合同价与费用支付情况表。

6.2.9 项目管理单位应按照相应的合同约定和工程造价管理制度与流程，组织项目各参与方按程序审核工程变更、工程签证和工程索赔。

6.2.10 项目管理单位应组织造价咨询单位对施工合同约定需要进行核价的材料、设备，组织相关单位进行询价与核价工作，提出材料、设备核价意见或根据建设单位委托核定材料、设备价格。

6.2.11 项目管理单位应组织造价咨询单位进行实施阶段的工程造价动态管理，定期编制工程造价动态管理报告。工程造价动态管理报告宜包括下列内容：

1 项目批准概算金额；

2 投资控制目标值；

3 已签合同名称、编号和签约价款；

4 已确定的待签合同及其价款；

5 本周期前累计已发生的工程变更和工程签证费用；

6 本周期前累计已实际支付的工程价款及占合同总价款比例；

7 本周期前累计工程造价与批准概算（或投资控制目标值）的差值；

8　主要偏差情况及产生较大或重大偏差的原因分析；

9　必要的说明、意见和建议等。

6.3　进度管理

6.3.1　项目实施阶段进度目标管理应符合下列要求：

1　项目管理单位应根据建设单位要求对工程项目从开始实施建设至竣工全过程进行统一部署，制定进度控制计划总目标和里程碑目标或节点目标；

2　施工单位项目部应根据合同工期和建设单位要求制定施工进度总目标和阶段目标。

6.3.2　项目管理单位应按项目的整体目标要求编制项目总进度控制计划，在进度实施过程中对进度进行检查、优化及控制，及时发现偏差，采取有效措施对计划进行调整，保证项目工期目标实现。项目管理单位应定期或不定期向建设单位报告项目进度目标的完成情况并反映影响进度的相关问题。

6.3.3　项目实施阶段进度计划的编制应符合下列规定：

1　项目管理单位应根据进度目标要求负责编制项目的进度控制计划，项目总进度控制计划表可参照本标准附录表 B.2.1 的要求填写；

2　施工单位应按施工合同与建设单位进度控制计划要求编制项目施工进度计划，项目进度控制表可参照本标准附录表 B.2.2 的要求填写。

6.3.4　项目实施阶段进度计划的审批应符合下列规定：

1　项目管理单位编制的进度控制计划应报建设单位进行审

批，作为建设单位目标控制、实施的依据；

2 施工单位编制的施工进度计划应报监理单位、项目管理单位、建设单位审批，作为对施工单位进行施工管理、控制、考核的依据，也是施工单位组织施工的依据；

3 若存在甲供材料及设备，施工单位编制的需求计划应报监理单位、项目管理单位、建设单位审批。

6.3.5 项目实施阶段进度计划的实施应符合下列规定：

1 项目管理单位应督促施工单位在限定时间完成进度计划的编制，并通过开工条件审查，监理单位应经建设单位及项目管理单位同意及时发出开工令；

2 项目管理单位应监督施工单位按照批准的进度计划投入资源，并按批准的施工组织设计组织施工。

6.3.6 实施阶段进度计划的检查应符合下列规定：

1 项目管理单位应对进度计划进行动态跟踪控制，按项目统计周期的规定进行定期检查，必要时进行不定期检查；

2 检查后宜组织召开专题会对检查情况进行汇总，由施工单位编写进度报告。

项目现场进度检查记录表可参照本标准附录表 B.2.3 的要求填写。

6.3.7 项目管理单位应采取组织、技术、合同、经济和信息管理等措施对项目进度进行有效控制。

6.3.8 项目实施阶段进度计划的调整、纠偏、变更应符合下列规定：

1 经检查发现施工单位进度报表反映出的实际进度与计划

存在偏差，应组织相关管理人员对产生偏差的原因进行分析，判断产生偏差的原因及是否影响关键线路时间，是否已产生了工期延误；

2 项目管理单位针对偏差应要求施工单位对进度计划进行调整并采取措施纠偏，编制调整进度计划；

3 施工单位编制的调整进度计划报监理单位、项目管理单位、建设单位审批后组织实施并作为管理控制依据；

4 当采取纠正偏差措施或调整进度计划不能保证进度计划实现，已造成工程目标工期延长时，将产生变更进度计划，更新后的进度计划应重新报建设单位审批。

项目周进度计划表可参照本标准附录表 B.2.4 的要求填写。

项目周计划完成情况表可参照本标准附录表 B.2.5 的要求填写。

6.3.9 项目实施阶段建设资源供应计划控制应符合下列规定：

1 项目管理单位在项目开工前应督促施工单位梳理主要材料、设备的用量并根据进度计划确定最晚进场时间，编制采购计划，保证资源及时供应，确保计划目标的实现，计划报监理、项目管理单位审批；

2 项目管理单位应审核施工单位编制的甲供材料、设备需求计划，根据审核后的需求计划，督促建设单位按时采购，确保甲供材料、设备的供应满足施工需要；

3 项目管理单位应督促检查施工单位自购的主要材料、设备等按计划进场；

4 项目管理单位应在及时预见或发现资源供应中断、供应数量不足、供应进度不能满足要求时，要求施工单位采取应急措施排除障碍；

5 由于工程变更引起资源数量变更和品种变化时，项目管理单位应及时督促施工单位调整资源供应计划。

6.3.10 项目实施阶段工期延误、延期应按下列方式处理：

1 因施工单位原因造成工程延误，项目管理单位应配合建设单位按合同约定对施工单位进行工期和费用索赔；

2 因建设单位原因造成的工程延期，项目管理单位应按合同约定，协调处理施工单位提出的工期延期及费用索赔。

6.3.11 进度计划执行过程中，应采用动态控制原理，不断进行检查，将实际进度与计划进度进行对比，找出偏离计划的原因，特别是找出主要原因，然后采取有效的措施对计划进行控制、调整、纠偏，达到满足进度目标的要求。

6.4 质量管理

6.4.1 项目管理单位应建立质量管理制度和质量管理考核制度，明确各方质量责任和质量管理工作程序流程。

6.4.2 项目管理单位应组织工程质量策划，制定总体和阶段质量实施目标，组织和指导责任单位的质量工作的实施，并对阶段质量目标的实施情况进行定期监督、检查和总结。

6.4.3 项目管理单位应督促各参建单位建立健全质量管理体系，落实各项质量管理制度，监督检查质量管理体系运行的情况。

6.4.4 项目管理单位应审核施工单位制订的质量实施方案，督促施工单位制订分部分项及重点难点施工部位的施工方案，对于超过一定规模的危险性较大的分部分项工程，施工单位应当组织召开专家论证会对专项施工方案进行论证。

6.4.5 项目管理单位应督促参建单位对项目建设的关键过程设置“见证点”和“关键控制点”。

6.4.6 项目管理单位应督促设计、施工、监理单位进行施工图技术交底、施工图纸会审工作，督促施工单位对施工人员的施工技术交底工作，并检查相应的资料记录及签认情况。

6.4.7 项目管理单位应督促监理单位对工程材料、构配件和设备按照设计文件及合同要求进行审查。

6.4.8 项目管理单位应组织或督促监理、施工单位按规定进行隐蔽工程、分部分项工程中间验收，监督监理工程师签发“中间验收证书”。对存在质量缺陷的部位，必须按相关规定整改完成后方可进行下步工序的施工。

工程整改通知单可参照本标准附录表 B.3.1 的要求填写。

6.4.9 对需要进行功能试验的工程项目，项目管理单位应督促监理、施工单位及时进行试验，并对重要项目进行现场监督。

6.4.10 项目管理单位应督促、检查监理、施工单位做好隐蔽工程验收记录，并保存好影像资料。

6.4.11 项目管理单位应组织监理、施工单位对发现的质量问题认真分析原因，找出解决问题的方法，以确保工程质量的持续改进。

6.4.12 项目管理单位应关注不符合项的质量管理。

6.4.13 项目管理单位应检查施工、监理单位按时填写、签审工程资料，确保资料真实有效。

6.5 安全生产管理

6.5.1 项目管理单位应坚持“安全第一、预防为主、综合治理”的方针，建立安全生产责任制，明确各岗位人员的责任。

6.5.2 项目管理单位应督促各参建单位建立专门的安全生产管理体系，明确其安全管理职能职责，落实各参建单位安全责任。

6.5.3 项目管理单位应根据合同要求，制订项目安全生产管理计划，并在实施中根据实际情况进行补充和调整。

6.5.4 项目管理单位应对施工单位编制的应急预案进行备案，并督促施工单位组织应急演练，建立健全事故应急处置办法。

6.5.5 项目管理单位应督促监理单位对施工单位编制的安全技术措施或者专项施工方案进行审查，并督促施工单位按规定组织专家对超过一定规模的危险性较大的分部分项工程进行专项方案论证。

6.5.6 项目管理单位应督促施工单位按规定进行安全技术交底、三级安全教育。

6.5.7 项目管理单位应定期召开安全管理会议，制定安全检查制度，定期或不定期进行安全检查，对查出的安全隐患要督促整改和及时复查，形成安全检查记录表。

安全生产检查记录可参照本标准附录表 B.3.2 的要求填写。

6.5.8 项目管理单位应督促工地食堂取得卫生许可证，定期检查食品卫生，预防食物中毒。

6.5.9 项目管理单位应要求各参建单位确保各类人员的职业健

康需求，预防可能产生的职业和心理疾病。

6.5.10 项目管理单位应督促监理单位核查施工单位的安全生产许可证。

6.5.11 施工现场安全设施的配置应符合国家及地方有关规定，项目管理单位应对其进行检查。

6.5.12 项目管理单位应督促施工单位采用对安全生产、职业健康安全和环境管理目标有保证的技术和施工方案。

6.5.13 项目管理单位应按照合同及相关规定实施项目安全管理标准化工作，开展安全文明工地建设活动。

6.5.14 安全事故发生后，项目管理单位应督促相关单位立即启动事故应急预案。

6.5.15 为了更好地保证工程的安全生产管理目标，可采取经济激励措施。项目管理单位可执行施工合同或相关管理制度有关条款，对于影响安全生产管理目标的单位，按合同约定承担相应的违约责任。

6.5.16 项目管理单位应根据合同约定应达到的安全文明施工目标，督促施工单位按照国家或省、市规定的安全文明施工标准化工地标准进行安全文明施工。

6.6 过程验收管理

6.6.1 项目管理单位应组织建立建设工程项目完整的质量保证体系和验收管理制度，按照合同约定的质量要求与质量管理程序进行作业，保证工程施工质量。

6.6.2 建设单位、项目管理单位、监理单位、勘察单位、设计单位、施工单位应参加工程质量验收。

6.6.3 项目管理单位应参加由监理单位组织的隐蔽工程验收。

6.6.4 项目管理单位应检查和督促监理单位和施工单位对涉及结构安全的试块、试件以及有关材料按规定进行见证取样检测，对涉及结构安全和使用功能的重要分部工程进行抽样检测，承担见证取样检测及有关结构安全检测的单位应具有相应资质。

6.6.5 项目管理单位应督促施工单位在建设工程各阶段施工工序自检合格、资料完整的基础上申请验收。

6.6.6 项目管理单位应检查建设工程实施阶段主要验收流程是否按检验批、分项工程、分部工程、单位工程进行划分。

6.6.7 项目管理单位应参加由监理工程师组织的施工单位项目质量、技术负责人及专职管理人员等对检验批的验收，检验批主控项目和一般项目的质量经抽样检验合格，具有完整的施工操作依据、质量检查记录。

6.6.8 项目管理单位应参加由监理工程师或建设单位项目技术负责人组织的分项工程验收，分项工程所含检验批均应符合合格质量规定，质量验收记录应完整。

分项工程移交记录表可参照本标准附录表B.3.3的要求填写。

6.6.9 项目管理单位应参加由总监理工程师或建设单位项目负责人组织的分部工程验收，分部（子分部）工程所含分项工程的质量均应验收合格，质量控制资料应完整，有关安全、使用功能的抽样检验应符合相关规定，观感质量应符合要求。

6.6.10 项目管理单位应完成或协助由建设单位组织的单位工程质量验收，单位（子单位）工程所含分部（子分部）工程的质量均应验收合格，质量控制资料应完整，有关安全和功能的检测资料应完整，主要功能的项目抽查结果应符合相关专业质量验收的规定，观感质量应符合要求。

6.6.11 项目管理单位应参加由政府相关职能部门现场监督和评定的专项工程验收。

6.6.12 当建筑工程质量不符合要求时，应按照下列规定进行处理：

1 经过返工重做或更换器具、设备的检验批，应重新进行验收；

2 经过有资质的检测单位鉴定，能够达到设计要求的检验批，应予以验收；

3 经过有资质的检测单位鉴定，达不到设计要求，但是经过原设计单位核算认可能够达到满足结构安全和使用功能的检验批，可进行验收；

4 经过返修或加固处理的分项工程、分部工程，虽然改变了外形尺寸但仍能够满足安全使用功能，可以按照技术处理方案和协商文件验收；

5 经过返修或加固处理仍不能满足安全使用要求的分部工程、单位工程，严禁通过验收。

7 竣工验收及移交阶段管理

7.1 一般规定

7.1.1 建设工程竣工验收及移交阶段的工作应包括工程预验收、竣工验收、试车、工程移交、竣工结算、财务决算、建设工程资料整理归档等工作。

7.1.2 项目管理单位应根据建设工程项目管理合同约定，结合工程项目主管部门对工程项目竣工验收的管理要求，采取相应的项目管理措施，为建设单位提供管理咨询服务。

7.1.3 项目管理单位应根据项目性质特点和项目进度，制订具体的竣工验收工作计划。工作计划中应明确验收范围、验收时间、组织形式、验收程序及执行验收标准等。

7.1.4 交付竣工验收的工程，必须符合相关工程质量标准，有完整的工程技术经济资料和经签署完整的工程质量保修书及国家规定的其他竣工验收条件。

7.1.5 项目管理单位应组织项目参建单位按工程竣工验收资料统计表整理竣工验收资料。工程竣工验收资料统计表按本标准附录表 C.0.1 的要求填写。

7.1.6 项目管理单位应负责审核各参建单位整理编制的竣工验收文件资料，并按竣工验收计划协助建设单位组织竣工验收。

7.1.7 项目管理单位应在工程竣工验收合格后，及时组织建设单位、监理单位、造价咨询单位、施工单位进行竣工结算的编制、审核工作。列入政府审计的项目，项目管理单位应配合建设单位及时将通过内部审核的竣工结算提请审计机关进行审计。

7.1.8 项目管理单位应在工程竣工验收合格后，及时组织建设单位、监理单位、施工单位、运营或物业单位等进行工程移交工作，移交应有书面交接记录和质量保修事宜。

7.1.9 根据项目特征，需要进行培训的，项目管理单位应组织施工单位对建设单位、运营或物业单位进行使用、维护、维修的专业培训。

7.2 竣工验收

7.2.1 项目管理单位应督促监理单位在工程完工后，监督施工单位对工程质量及资料进行自检。

7.2.2 项目管理单位应督促监理单位依据有关法律、法规、工程建设强制性标准、设计文件、施工合同等对施工单位报送的竣工资料进行审查，并对工程质量进行预验收。对存在的问题，由监理单位督促施工单位及时按要求整改。

7.2.3 单位工程竣工质量预验收应具备下列条件:

1 单位工程完工经施工单位自检合格，工程达到竣工验收条件;

2 所含（子）分部工程的质量均验收合格;

3 工程质量控制资料完整;

4 主要功能项目的抽查结果符合要求;

5 有关安全和功能的检测资料完整。

7.2.4 项目管理单位应在预验收合格后，督促监理单位对工程质量进行评估，由监理单位出具工程质量评估报告。工程质量评估报告应由总监理工程师和监理单位相关负责人审核签字。

7.2.5 项目管理单位应督促勘察单位、设计单位对勘察文件、设计文件及施工过程中由设计单位签署的设计变更通知单进行检查并出具质量检查报告。质量检查报告应经该项目勘察、设计负责人和勘察、设计单位有关负责人审核签字。

7.2.6 项目管理单位在收到施工单位提交的工程竣工报告后，应进行审查，确认符合验收要求后提交建设单位。

7.2.7 对符合竣工验收要求的工程，建设单位收到工程竣工报告后实施竣工验收工作。项目管理单位应组织建设单位、勘察单位、设计单位、监理单位、施工单位等组成验收组。对于重大工程和技术复杂工程，根据需要可邀请有关专家参加验收组。

7.2.8 验收组应制订工程验收方案，方案包括组织形式、验收程序、执行验收标准等。验收方案经建设单位确认后实施。

7.2.9 工程竣工验收必须接受建设行政主管部门的现场监督。项目管理单位应协助建设单位在工程竣工验收 7 个工作日前将验收的时间、地点及验收组名单书面通知负责监督的建设行政主管部门，申请竣工验收。

7.2.10 竣工验收申请资料应包括以下内容：

1 工程竣工验收申请表；

2 工程施工许可证；

3 工程竣工验收报告；

4 工程质量评估报告；

5 工程主管部门要求的其他文件。

7.2.11 项目管理单位应协助建设单位按以下程序组织工程竣工验收：

1 建设单位、勘察单位、设计单位、监理单位、施工单位分别介绍工程合同履约情况和在工程建设各个环节执行法律、法规和工程建设强制性标准的情况；

2 审阅建设单位、勘察单位、设计单位、监理单位、施工单位的工程档案资料；

3 实地查验工程质量；

4 对工程勘察、设计、施工、设备安装质量和各管理环节等方面作出全面评价，形成经验收组人员在工程竣工验收报告中签署的工程竣工验收意见；

5 参与工程竣工验收的建设单位、项目管理单位、勘察单位、设计单位、监理单位、施工单位等各参建单位不能形成一致意见时，项目管理单位应当组织各方协商提出解决的方法，待意见一致后，重新组织工程竣工验收。

7.2.12 项目管理单位应根据项目情况，组织参建单位确定本项目的并联验收范围，审查工程并联验收范围确认表。工程并联验收范围确认表按本标准附录表 C.0.2 的要求填写。

7.2.13 项目管理单位应协助建设单位根据工程规模和进度，按照建设、规划、国土、环保、消防、人防、水务、卫生、安监、林业园林、国安等部门的工作要求，组织安排并联验收。

7.2.14 项目管理单位应在工程竣工验收合格后，协助建设单位在规定的时间内将工程竣工验收报告和相关文件报建设行政主管部门备案。

7.2.15 竣工验收及备案程序必须按政府现行规定执行。

7.3 结算管理

7.3.1 工程竣工验收通过后，项目管理单位应督促施工单位按照施工合同约定在规定的时间内提交竣工结算报告和完整的结算资料。

7.3.2 项目管理单位应及时组织和配合进行竣工结算审核。已列入政府审计的项目，项目管理单位应及时组织编制竣工结算报告或竣工财务决算报告报送审计机关进行审计，建设单位、项目管理单位及其他参建单位和施工单位应配合审计机关的审计工作。

7.3.3 在竣工结算审核过程中，出现争议的，项目管理单位应组织项目参与各方进行会商，依据合同约定和事实，以会议纪要的形式协商解决问题，包括：

1 施工合同中约定不明的事宜、缺陷的弥补，需澄清的问题；

2 需进一步约定的事项以及审核过程中的确认、明确的事宜；

3 发包人或承包人对竣工结算审核意见有异议的事项；

4 其他需通过专业会商会议解决的事项。

7.3.4 竣工结算审核的结论应由建设单位、项目管理单位、施工单位共同签认。委托造价咨询单位的，应由建设单位、项目管理单位、施工单位、造价咨询单位四方共同签署竣工结算审定签署表。建设单位、项目管理单位、施工单位、造价咨询单位因分歧不能共同签认竣工结算审定签署表的，项目管理单位在协调无果的情况下，可由造价咨询单位单独出具竣工结算审核意见或报告，对竣工结算的争议部分按合同约定的争议解决方式处理。

7.3.5 项目管理单位应组织项目竣工结算报告的审核确认工作，施工单位提出支付工程竣工结算款的申请，建设单位按照施工合同约定和竣工结算报告的审核意见进行支付。

7.4 档案管理

7.4.1 项目管理单位应组织各参建单位收集、整理、归档工程资料，工程资料应满足现行法律法规及相关行业规定。

7.4.2 项目管理单位的工程资料立卷目录宜按项目的实施阶段进行分类立卷，应满足现行法律法规及相关行业规定。项目管理单位的工程资料分类立卷目录可参照表 7.4.2 的要求执行。

表 7.4.2 项目管理单位工程资料分类立卷目录

项目阶段	立卷目录	说明
建设项目决策阶段	立项文件、建设用地、拆迁文件等	项目各阶段的立卷文件包含沟通协调文件、成果文件、管理记录文件等
建设项目准备阶段文件	招标、合同、投资、报建、勘察、设计文件，开工审批文件	
建设项目实施阶段	设计、进度、质量、职业健康安全及环境、造价控制、沟通管理文件	
建设项目竣工验收及移交阶段	竣工验收、结算、移交文件	
建设项目质量保修及考核阶段	质量保修、项目管理工作总结文件	

7.4.3 项目管理单位归档的工程资料应包括纸质资料和相关电子资料。

7.4.4 工程文件应采用相关行政主管部门要求的统一格式。

7.4.5 项目归档的每份工程资料应设置唯一编码。

7.4.6 报送城建档案管理机构的工程竣工档案应符合城建档案管理机构发布的竣工档案进馆内容要求。

7.4.7 工程竣工档案资料保存的时间年限应按照现行法律法规及行业规定执行。

7.5 竣工移交管理

7.5.1 竣工移交为项目实体移交和项目资料移交。

7.5.2 项目实体移交包括建设项目实体、配套的通用设备和专用设备等。施工单位应按合同约定按时移交工程成品，并建立交接记录，完善交工手续。

7.5.3 项目实体移交时，应提前编制移交工作计划和移交记录表，明确移交时间、移交及接收单位和其相关负责人，移交过程中发现的问题应在移交记录表中明确整改时间，并经整改验收合格后再次移交，最终由移交及接收单位相关负责人签字确认后完成项目实体移交工作。

7.5.4 竣工验收及移交阶段的资料移交，应包括移交城建档案管理机构和建设单位。

7.5.5 竣工资料移交城建档案管理机构时，项目管理单位应协助建设单位在项目竣工验收通过后，组织参建单位按照建设行政主管部门相关规定要求的时间期限完成竣工资料移交。

7.5.6 竣工资料移交城建档案管理机构的具体资料内容，应按照城建档案管理机构的相关规定整理。

7.5.7 竣工资料移交城建档案管理机构时，项目管理单位应协助建设单位组织项目参建单位收集、整理竣工资料，并应在进行工程竣工验收前提请城建档案管理机构对竣工资料进行预验收，根据预验收意见限期整改完毕后再进行移交，并取得建设档案资料认可书及资料目录清单。

7.5.8 竣工资料移交建设单位的时间期限应按照建设单位已经发布项目相关档案管理规定或合同中约定的时间期限移交。若未规定，可在竣工结算或决算审计结束并正式移交城建档案管理机构后一个月内完成，其他单位如项目管理单位、勘察单位、设计单位、监理单位、造价咨询单位等可在合同期满三个月内完成。

7.5.9 竣工资料移交建设单位时，应由项目管理单位组织各参建单位按照建设行政主管部门相关规定要求的建设单位归档的资料目录进行收集、整理移交，并完善相关移交手续，除此以外的资料，应按照建设单位已经发布项目相关档案管理规定要求移交。

7.5.10 竣工资料移交的份数应按照建设行政主管部门规定的要求执行。

8 质量保修阶段管理

8.1 一般规定

8.1.1 质量保修阶段应自工程竣工验收合格至质量保修期结束。

8.1.2 项目管理单位应根据合同约定和法律法规、规范规定，制定项目质量保修阶段管理制度和保修工作计划。

8.1.3 项目管理单位在质量保修阶段应定期回访，并组织和监督其他参建单位进行回访工作。

8.1.4 质量缺陷问题发生后，项目管理单位应在规定时间内组织建设单位、勘察设计单位、监理单位、施工单位对质量缺陷原因进行调查和分析，并确定责任单位，向责任单位签发限期整改通知。

8.1.5 工程质量缺陷整改完成，项目管理单位应组织进行验收，并现场签署书面验收文件。

8.1.6 项目管理单位应督促实施质量保修的相关单位，按照建设单位的相关规定办理进场及出场手续。

8.2 主要工作内容

8.2.1 项目管理单位应制定项目质量保修阶段管理制度和工作计划。

8.2.2 项目管理单位应定期回访项目使用和运行情况。

8.2.3 项目管理单位应督促相关单位检查和记录工程质量缺陷，对缺陷原因进行调查分析并确定责任划分。

8.2.4 项目管理单位应监督监理单位审核质量修复方案，监督修复过程并组织各方进行验收。

8.2.5 项目管理单位应审核质量修复费用，并审核相关单位的质量保证金退回申请。

8.2.6 项目管理单位应整理质量保修阶段的各项资料，并向建设单位移交。

8.3 管理流程

8.3.1 项目质量保修期内工程质量问题或缺陷发生后，项目管理单位应在规定时间内组织建设单位、监理单位、勘察设计单位、施工单位现场检查鉴定工程质量问题或缺陷，分清责任，确定维修范围及内容，商讨并制订维修计划。同时现场拍照或摄像，留取证据。

8.3.2 制订维修计划后，项目管理单位应向责任单位发出质量缺陷整改通知单。责任单位在接到质量缺陷整改通知单后，应组织人员及时进行维修。

质量缺陷整改通知单可参照本标准附录表D.0.1的要求填写。

8.3.3 工程维修完成后，应由建设单位或项目管理单位组织各参建单位进行联合验收，现场签字确认，并办理移交手续。

8.3.4 质量保修期满，项目管理单位应组织建设单位、监理单位、施工单位对质量保修期满项目进行验收，各单位应签署书面验收意见。

工程质量保修期到期验收记录表可参照本标准附录表 D.0.2 的要求填写。

9 项目管理工作总结

9.1 一般规定

9.1.1 项目管理服务结束，项目管理单位应进行项目管理总结，编写总结报告。

9.1.2 工作总结可分阶段进行，并编制阶段性工作总结。

9.2 主要工作内容

9.2.1 项目管理工作总结应条理清晰、内容全面、重点突出、数据准确。

9.2.2 项目管理工作总结主要内容宜满足表 9.2.2 的要求：

表 9.2.2 项目管理工作内容及要求

序号	工作内容	工作要求
1	项目目标总结	对预定目标完成情况的总结和分析，即目标是否出现偏差，以及出现偏差的原因；同时对项目原定目标的正确性、合理性和实践性进行分析
2	项目需求和实施范围工作总结	总结需求、范围编制的计划与实际执行过程的出入、偏差，是否存在变更，导致什么变更的原因，变更管理情况，建设单位对结果的满意程度
3	合同管理工作总结	对项目签订的每个合同进行总结分析，总结每个合同甲乙双方的履约情况，对每个合同给出履约评价；总结分析合同策划或标段划分的合理性，根据合同履约情况检查是否可以调整；收集各个单位对合同方面的建议与意见

续表

序号	工作内容	工作要求
4	投资管理工作总结	项目的最终投资与计划投资的偏差程度，造成偏差的原因是什么；项目各个阶段对投资产生哪些影响，是否可以节约投资
5	进度管理工作总结	项目实施进度比计划进度超前还是滞后；导致进度超前或滞后的原因是什么，影响程度，如何避免类似情况；各单位对进度管理的建议与意见
6	质量管理工作总结	项目质量方面的控制情况，包括设计质量控制和实体质量控制；质量管理运用哪些技术与方法，是否存在质量问题、安全隐患，哪些技术与工具可以升级、完善
7	安全管理工作总结	项目安全管理方面管理情况，包括安全生产责任制落实情况；安全制度建立及运行情况；各类安全生产方案和应急预案编制和审查情况；现场安全文明施工情况管理情况；管理过程中存在哪些问题，哪些方面可以提高
8	沟通与协调工作总结	项目沟通与协调方面实施情况，哪些方面存在问题，沟通与协调人员安排是否合理；收集各单位对项目管理人员的建议与意见
9	风险管控工作总结	项目风险发生情况，预测的风险是否发生，有无次生风险，应对方案是否科学、合理，风险对整体、局部的影响程度等
10	移交与收尾管理工作总结	项目移交与收尾实施情况，存在哪些问题，哪些方面可以完善、提高

附录A　建设准备阶段管理用表

A.1　报建管理用表

A. 1. 1　项目报建工作统计表应按照表 A.1.1 的格式编写。

表 A.1.1　项目报建工作统计表

项目名称：　　　　　　　　　　　　　　　　编号：

序号	报建名称	项目阶段	主管部门	备注
1	红拨图和红线图	决策阶段	规划部门	
2	项目建议书/可行性研究	决策阶段	发改部门	
3	项目立项批复	决策阶段	发改部门	
4	项目选址意见书	决策阶段	规划部门	
⋮	⋮	⋮	⋮	

A. 1. 2 单项报建工作记录表应按照表 A.1.2 的格式编写。

表 A.1.2 单项报建工作记录表

项目名称		报建内容	
报建主体		编　号	
主管部门		联系地址	
联 系 人		联系电话	
所需时间		配合单位	
收费标准			
需提交资料			
报建成果			
其　他			

注：表 A.1.2 针对每一项报建工作进行统计和整理，应全面反映该项报建工作内容。可根据报建工作实际情况对此表进行适当修改。

A. 1. 3 项目报建工作计划表应按照表 A.1.3 的格式编写。

表 A.1.3 项目报建工作计划表

编号：

序号	报建名称	计划时间	前提条件	备注
1		__年__月__日—__月__日		
2		__年__月__日—__月__日		
3		__年__月__日—__月__日		
4		__年__月__日—__月__日		
5		__年__月__日—__月__日		
6		__年__月__日—__月__日		
⋮		⋮		

注：报建工作计划可以采用横道图、表格、网络图等多种形式编制，在此采用表格形式表 A.1.3 表达。

A. 1. 4 报建成果统计表应按照表 A.1.4 的格式编写。

表 A.1.4 报建成果统计表

编号：

序号	名称	报建时间	存档号（编号）	备注
1				
2				
3				
4				
5				
6				
⋮				

A.2 勘察设计管理用表

A. 2. 1 项目功能和需求明确表应按照表 A.2.1 的格式编写。

表 A.2.1 项目功能和需求明确表

编号：

项目名称	
项目概况	
项目功能和需求：	
勘察单位签章	日期： 年 月 日
设计单位签章	日期： 年 月 日
项管单位签章	日期： 年 月 日
建设单位签章	日期： 年 月 日

注：本表为基础表格，需结合项目情况以及业主要求进行完善。

A. 2. 2 设计成果复核表应按照表 A.2.2 的格式编写。

表 A.2.2 设计成果复核表

编号：

<table>
<tr><td>项目名称</td><td></td></tr>
<tr><td>设计阶段</td><td>□方案　□初设　□施工图　□深化设计
□其他____________</td></tr>
<tr><td>专业</td><td></td></tr>
<tr><td>设计人员</td><td></td></tr>
<tr><td>复核日期</td><td></td></tr>
<tr><td colspan="2">复核情况记录：</td></tr>
<tr><td>设计签字</td><td>日期：　年　月　日</td></tr>
<tr><td>复核人签字</td><td>日期：　年　月　日</td></tr>
</table>

注：本表为基础表格，需结合项目情况以及业主要求进行完善。

附录B　建设实施阶段管理用表

B.1　投资管理用表

B. 1. 1　项目总投资使用计划表（建安工程）应按照表 B.1.1 的格式编写。

表 B.1.1　项目总投资使用计划表

项目名称：　　　　　　　　　　　　　　　　　　　　编制日期：　年　月　日

	合同名称	合同总价（元）	计划开工日期	计划完工日期	计划工期（天）	工程款支付金额计划			竣工验收完成支付金额（元）	质量保证（修）金（元）
						__年__月	……	__年__月		
一	施工合同									
1										
2										
⋮										
二	材料、设备供应合同									
1										
2										
⋮										

注：说明主要时间节点，如开工日期、竣工日期、±0.00 完成日期、结构封顶日期、外立面工程完成日期、装饰工程完成日期、外场工程完成日期等。

项目管理单位（盖章）：

项目经理（签字）：

年　月　日

B. 1. 2 项目年度资金使用计划表（建安工程）应按照表 B.1.2 的格式编写。

表 B.1.2 项目年度资金使用计划表（建安工程）

项目名称：　　　　　　　　　　　　　　　　　　　　编制日期：　年　月　日

	合同名称	合同总价（元）	计划开工日期	计划完工日期	计划工期（天）	截至 年 月累计已支付金额	截至 年 月尚需支付金额	工程款支付金额计划			竣工验收完成支付金额（元）	质量保证（修）金（元）
								__年__月	……	__年__月		
一	施工合同											
1												
2												
⋮												
二	材料、设备供应合同											
1												
2												
⋮												

注：说明主要时间节点，如开工日期、竣工日期、±0.00 完成日期、结构封顶日期、外立面工程完成日期、装饰工程完成日期、外场工程完成日期等。

项目管理单位（盖章）：

项目经理（签字）：

年　月　日

B. 1. 3 项目年度资金使用计划表（工程建设其他费用）应按照表 B.1.3 的格式编写。

表 B.1.3 项目年度资金使用计划表（工程建设其他费用）

项目名称：　　　　　　　　　　　　　　　　编制日期：　年　月　日

序号	合同名称	合同总价（元）	合同开始日期	合同结束日期	合同工期（天）	截至　年　月累计已支付金额（元）	截至　年　月尚需支付金额（元）	费用节点支付计划			备注
								__年__月	……	__年__月	
1	勘察合同										
2	设计合同										
3	工程监理合同										
4	检测合同										
⋮	⋮										

项目管理单位（盖章）：

项目经理（签字）：

年　月　日

B. 1. 4 工程建设其他费用资金支付审核表应按照表 B.1.4 的格式编写。

表 B.1.4 工程建设其他______费用资金支付审核表

项目名称：　　　　　　　　　　　　　　　　编号：

<table>
<tr><td rowspan="7">收款单位</td><td colspan="2">账户名称：</td></tr>
<tr><td>合同金额（万元）：</td><td>本次应付款金额（万元）：</td></tr>
<tr><td>代扣费用（万元）：</td><td>抵扣预付款金额（万元）：</td></tr>
<tr><td>罚款金额（万元）：</td><td>代收代交金额（万元）：</td></tr>
<tr><td>本次实付款金额（万元）：</td><td>累计至本月已付金额（万元）：</td></tr>
<tr><td>开户银行：</td><td>账号：</td></tr>
<tr><td colspan="2">收款单位（盖章）：
年　月　日</td></tr>
<tr><td>项目管理单位</td><td colspan="2">项目管理单位（盖章）：
项目经理（签字）：
年　月　日</td></tr>
<tr><td>建设单位</td><td colspan="2">建设单位（盖章）：
主要负责人（签字）：
年　月　日</td></tr>
</table>

注：标题空白处应列明费用的性质或用途，如监理、设计、项目管理、报建、其他。

B.1.5 工程预付款资金支付审核表应按照表B.1.5的格式编写。

表B.1.5 工程预付款资金支付审核表

项目名称： 编号：

<table>
<tr><td rowspan="3">收款单位</td><td colspan="2">账户名称：</td></tr>
<tr><td>开户银行：</td><td>账号：</td></tr>
<tr><td colspan="2">应支付的工程预付款金额（大写）：
<table>
<tr><th>序号</th><th>名称</th><th>金额(元)</th><th>备注</th></tr>
<tr><td>1</td><td>已签约合同款金额</td><td></td><td></td></tr>
<tr><td>1.1</td><td>其中：安全防护、文明施工费金额</td><td></td><td></td></tr>
<tr><td>1.2</td><td>……</td><td></td><td></td></tr>
<tr><td>2</td><td>应支付的工程预付款金额</td><td></td><td></td></tr>
<tr><td>3</td><td>应支付的安全防护、文明施工费金额</td><td></td><td></td></tr>
<tr><td>⋮</td><td>……</td><td></td><td></td></tr>
<tr><td></td><td>合计应支付的工程预付款金额</td><td></td><td></td></tr>
</table>
收款单位（盖章）：
年　月　日</td></tr>
<tr><td>监理单位</td><td colspan="2">监理单位（盖章）：
项目总监（签字盖执业章）：
年　月　日</td></tr>
<tr><td>造价咨询单位</td><td colspan="2">造价咨询单位（盖章）：
造价负责人（签字盖执业章）：
年　月　日</td></tr>
<tr><td>项目管理单位</td><td colspan="2">项目管理单位（盖章）：
项目经理（签字）：
年　月　日</td></tr>
<tr><td>建设单位</td><td colspan="2">建设单位（盖章）：
主要负责人（签字）：
年　月　日</td></tr>
</table>

B. 1. 6 工程进度款资金支付审核表应按照表 B.1.6 的格式编写。

表 B.1.6 工程进度款资金支付审核表

项目名称： 编号：

<table>
<tr><td rowspan="4">收款单位</td><td colspan="2">账户名称：</td></tr>
<tr><td>开户银行：</td><td>账号：</td></tr>
<tr><td colspan="2">应支付的工程进度款金额（大写）：
<table>
<tr><th>序号</th><th>名称</th><th>金额（元）</th><th>备注</th></tr>
<tr><td>1</td><td>累计已完成的工程价款金额</td><td></td><td></td></tr>
<tr><td>2</td><td>累计已实际支付的工程价款金额</td><td></td><td></td></tr>
<tr><td>3</td><td>本期已完成的工程价款金额</td><td></td><td></td></tr>
<tr><td>4</td><td>按合同约定支付比例计算价款金额</td><td></td><td></td></tr>
<tr><td>5</td><td>本期应抵扣的预付款金额</td><td></td><td></td></tr>
<tr><td>6</td><td>本期应扣减的其他金额</td><td></td><td></td></tr>
<tr><td>7</td><td>本期应增加或扣减的其他金额</td><td></td><td></td></tr>
<tr><td>8</td><td>本期实际应支付的工程价款金额</td><td></td><td></td></tr>
</table>
</td></tr>
<tr><td colspan="2">收款单位（盖章）：
年 月 日</td></tr>
<tr><td>监理单位</td><td colspan="2">监理单位（盖章）：
项目总监（签字盖执业章）：
年 月 日</td></tr>
<tr><td>造价咨询单位</td><td colspan="2">造价咨询单位（盖章）：
造价负责人（签字盖执业章）：
年 月 日</td></tr>
<tr><td>项目管理单位</td><td colspan="2">项目管理单位（盖章）：
项目经理（签字）：
年 月 日</td></tr>
<tr><td>建设单位</td><td colspan="2">建设单位（盖章）：
主要负责人（签字）：
年 月 日</td></tr>
</table>

B. 1. 7 工程合同与资金支付台账（建安工程）应按照表 B.1.7 的格式编写。

表 B.1.7 工程合同与资金支付台账（建安工程）

项目名称：　　　　　　　　　　　　金额单位：元　　　　　　　　　　　　第　页共　页

序号	合同名称	合同金额	支付月报期数	支付月报截止日期	预付款		本期已完工程价款					截至本期累计已完工程价款				按合同约定进度款支付比例计算价款	扣回预付款		扣回其他款项	扣回其他款项说明	本期应支付工程款	截至本期累计应支付工程款	截至本期累计应支付工程款占合同金额的百分比（%）	备注
					工程预付款	其他预付款	合同已完金额	工程变更金额	其他金额	其他金额说明	合计	合同已完金额	工程变更金额	其他金额	合计		工程预付款	其他预付款						
一	施工合同																							
二	材料设备供应合同																							

B. 1. 8 工程合同与资金支付台账（建安工程）应按照表 B.1.8 的格式编写。

表 B.1.8　工程合同与资金支付台账（工程建设其他费用）

项目名称：　　　　　　　　　　金额单位：元　　　　　　　　　　第　页共　页

序号	合同名称	合同金额	支付月报期数	支付月报截止日期	本期按合同约定应支付款项		实际本期支付款项		截至本期累计已支付款项	截至本期累计已支付款项占合同金额的百分比（%）	剩余未支付合同款项	备注
					应支付款项	应支付款项说明	实际本期支付款项	实际本期支付款项说明				
一	勘察合同											
			1	年　月　日								
			2	年　月　日								
二	设计合同		⋮	⋮								
三	工程监理合同											
四	检测合同											

项目管理单位（盖章）：

项目经理（签字）：

年　月　日

B.1.9 签约合同价与费用支付情况表（建安工程）应按照表 B.1.9 的格式编写。

表 B.1.9 签约合同价与费用支付情况表（建安工程）

项目名称： 编制日期： 年 月 日

序号	合同名称	合同编号	承包单位	合同约定工程款支付节点	合同总价（元）	当前累计已付工程款金额（元）	当前累计已付工程款比例（%）	未付工程合同价余额（元）	未付工程合同价比例（%）	预计剩余工程用款金额（元）	预计工程总用款与合同价的差值（元）	产生较大或重大偏差的原因分析
一	施工合同											
1												
2												
⋮												
二	材料、设备供应合同											
1												
2												
⋮												

项目管理单位（盖章）：

项目经理（签字）：

年 月 日

B. 1. 10 合同价与费用支付情况表（工程建设其他费用）应按照表 B.1.10 的格式编写。

表 B.1.10 合同价与费用支付情况表（工程建设其他费用）

项目名称： 编制日期： 年 月 日

序号	合同名称	合同编号	被委托人	合同约定费用支付节点	合同总价（元）	当前累计已支付费用金额（元）	当前累计已付费用比例（%）	未支付费用合同价余额（元）	未支付费用合同价比例（%）	预计剩余费用金额（元）	预计总费用与合同价的差值（元）	产生较大或重大偏差的原因分析
1	勘察合同											
2	设计合同											
3	工程监理合同											
4	检测合同											
⋮												

项目管理单位（盖章）：

项目经理（签字）：

年 月 日

B.1.11 材料（设备）询价（核价）表应按照表 B.1.11 的格式编写。

表 B.1.11 材料（设备）询价（核价）表

项目名称：　　　　　　　　　　　　　　　　　　　　编号：

<table>
<tr><td colspan="2">材料（设备）名称：</td><td colspan="3"></td></tr>
<tr><td colspan="2">询价方式</td><td></td><td>询价时间</td><td></td></tr>
<tr><td colspan="2">询价参加人员</td><td colspan="3"></td></tr>
<tr><td>询价记录</td><td colspan="4">1. 材料（设备）名称：
2. 生产厂家：
3. 供应商：
4. 供应方式及不同付款方式下的供应单价：
5. 材料规格、品种、质地、颜色、等级：
6. 辅助材料名称：
7. 单价包括的内容：
8. 拟购数量：
9. 施工单位报价：
10. 核定单价：</td></tr>
<tr><td colspan="5">监理单位意见：

监理单位（盖章）：
监理工程师（签字盖执业章）：
年　月　日</td></tr>
<tr><td colspan="5">造价咨询单位意见：

造价咨询单位（盖章）：
造价工程师（签字盖执业章）：
年　月　日</td></tr>
<tr><td colspan="5">项目管理单位意见：

项目管理单位（盖章）：
项目经理（签字）：
年　月　日</td></tr>
<tr><td colspan="5">建设单位审核意见：

建设单位（盖章）：
主要负责人（签字）：
年　月　日</td></tr>
</table>

B.2 进度管理用表

B. 2. 1 项目总进度控制表应按照表 B.2.1 的格式编写。

表 B.2.1 项目总进度控制表

工程项目名称：

序号	任务名称	工期（天）	计划开始时间	计划完成时间	备注
1					
2					
3					
4					
⋮					

编制人： 审核人： 审批人：

注：本表由项目管理单位填报。

项目部

年 月 日

B. 2. 2 项目进度控制表应按照表 B.2.2 的格式编写。

表 B.2.2 项目进度计划

工程项目名称：

序号	单位工程	分部分项名称	时间（天）	工程量	资源量	月			月			…
						上旬	中旬	下旬	上旬	中旬	下旬	…
1												
2												
3												
4												
5												
⋮												

填表人：　　　　审核人：　　　　审批人：

注：本表由施工单位填报。

项目部

年　月　日

B. 2. 3 项目现场进度检查记录表应按照表 B.2.3 的格式编写。

表 B.2.3 项目现场进度检查记录表

工程项目名称：　　　　　　　　　　　　　　　　　　年　月　日

序号	单位工程	分部（分项）	计划完成时间	现场实际进度	偏差时间（天）	影响关键线路工期（天）	未完成原因	备注
1								
2								
3								
4								
5								
6								
7								
8								
9								
⋮								
施工单位：		监理单位：		项目管理单位：			建设单位：	

B. 2. 4 项目周进度计划表应按照表 B.2.4 的格式编写。

表 B.2.4 项目周进度计划表

________项目

____年第____周进度计划

____年____月____日—____年____月____日

____年第____周工程进度

<table>
<tr><td rowspan="2">序号</td><td rowspan="2">项目名称</td><td rowspan="2">拟投人工种及人数等</td><td colspan="7">____年____月</td><td rowspan="2">完成比例</td></tr>
<tr><td></td><td></td><td></td><td></td><td></td><td></td><td></td></tr>
<tr><td>1</td><td></td><td></td><td></td><td></td><td></td><td></td><td></td><td></td><td></td><td></td></tr>
<tr><td>2</td><td></td><td></td><td></td><td></td><td></td><td></td><td></td><td></td><td></td><td></td></tr>
<tr><td>3</td><td></td><td></td><td></td><td></td><td></td><td></td><td></td><td></td><td></td><td></td></tr>
<tr><td>⋮</td><td></td><td></td><td></td><td></td><td></td><td></td><td></td><td></td><td></td><td></td></tr>
<tr><td colspan="11">下周工作重点：</td></tr>
<tr><td colspan="4">施工单位：

项目负责人（签字）：</td><td colspan="4">监理单位：

监理工程师（签字）：</td><td colspan="3">建设（项管）单位：

现场代表（签字）：</td></tr>
</table>

注：本表由施工单位填报

编制人：　　　　审核人：

B. 2. 5 项目周完成情况表应按照表 B.2.5 的格式编写。

表 B.2.5 项目周完成情况表

__________项目

本周完成情况及未完成情况原因分析

____年____月____日—____年____月____日

____年第____周工程进度

<table>
<tr><td>序号</td><td>上周计划完成项目名称</td><td>实际完成百分比</td><td>未完成原因分析</td><td>追赶进度措施</td><td>备注</td></tr>
<tr><td>1</td><td></td><td></td><td></td><td></td><td></td></tr>
<tr><td>2</td><td></td><td></td><td></td><td></td><td></td></tr>
<tr><td>3</td><td></td><td></td><td></td><td></td><td></td></tr>
<tr><td>4</td><td></td><td></td><td></td><td></td><td></td></tr>
<tr><td>5</td><td></td><td></td><td></td><td></td><td></td></tr>
<tr><td>⋮</td><td></td><td></td><td></td><td></td><td></td></tr>
<tr><td></td><td></td><td></td><td></td><td></td><td></td></tr>
<tr><td></td><td></td><td></td><td></td><td></td><td></td></tr>
<tr><td colspan="6">上周情况：</td></tr>
<tr><td colspan="2">总包单位：

项目负责人（签字）：</td><td colspan="2">监理单位：

监理工程师（签字）：</td><td colspan="2">建设（项目管理）单位：

现场代表（签字）：</td></tr>
</table>

注：本表由施工单位填报

编制人：　　　　　　　　审核人：

B.3　其他管理用表

B. 3. 1　工程整改通知单应按照表 B.3.1 的格式编写。

表 B.3.1　工程整改通知单

工程名称：　　　　　　　　　　　　　　　　　　编号：

致：________________（施工单位） 我部在巡检中发现你部存在以下问题需要整改：   以上问题请你部于_____年__月__日完成整改，并将整改结果回复我部。逾期整改或整改不力我部将按照《___合同》和《___单位考评办法》执行处罚。 项目管理单位（盖章）： 项目经理（签字）： 年　月　日

注：本表一式四份，建设单位、项目管理单位、监理单位、施工单位各一份。

B. 3. 2 安全生产检查记录表应按照表 B.3.2 的格式编写。

表 B.3.2 安全生产检查记录表

工程名称： 检查时间： 年 月 日

<table>
<tr><td>施工单位</td><td colspan="2"></td><td>监理单位</td><td colspan="2"></td></tr>
<tr><td>存在安全隐患</td><td colspan="5"></td></tr>
<tr><td colspan="2">项目管理单位：</td><td colspan="2">监理单位：</td><td colspan="2">施工单位：</td></tr>
<tr><td colspan="6">处理意见：</td></tr>
<tr><td colspan="6">复查情况：</td></tr>
</table>

注：本表一式四份，项目管理单位、建设单位、监理单位、施工单位各一份。

B. 3. 3 分项工程移交记录表应按照表B.3.3的格式编写。

表B.3.3 分项工程移交记录表

工程名称：　　　　　　　　　　　　　　　　编号：

移交分项工程		数量		单位	
验收单位					
施工单位					
验收情况说明：					
移交清单：（详附件）					
资料情况		签收人		时间	
移交单位					
接收单位					
接收单位意见：					
移交人：		时间：			
接收人：		时间：			
备注：					

注：本表一式两份，由移交、接收单位各存一份。

附录C 竣工验收及移交阶段管理用表

C.0.1 工程竣工验收资料统计表应按照表C.0.1的格式编写。

表C.0.1 工程竣工验收资料统计表

编号：

工程名称			
单位工程			
序号	资料名称	自查情况	备注
1			
2			
3			
4			
5			
6			
⋮			
施工单位： 项目经理（签字）：　　施工单位（盖章） 年　月　日			
监理单位： 总监理工程师（签字）：　　监理单位（盖章） 年　月　日			
项管单位： 项目经理（签字）：　　项管单位（盖章） 年　月　日			

C.0.2 工程并联验收范围确认表应按照表 C.0.2 的格式编写。

表 C.0.2 工程并联验收范围确认表

编号：

工程名称					
单位工程					
序号	验收范围	是否验收		资料名称	备注
1	建设	是	否		
2	规划				
3	国土				
4	环保				
5	消防				
6	人防				
7	水务				
8	卫生				
9	园林				
10	安全设施				
11	国安				
12					
13					
⋮					

施工单位：

项目经理（签字）：　　　　施工单位（盖章）

年　月　日

监理单位：

总监理工程师（签字）：　　　　监理单位（盖章）

年　月　日

项管单位：

项目经理（签字）：　　　　项管单位（盖章）

年　月　日

附录 D　质量保修阶段管理用表

D. 0. 1　质量缺陷整改通知单应按照表 D.0.1 的格式编写。

表 D.0.1　质量缺陷整改通知单

编号：

________________单位（责任单位名称）： 　　经检查，贵公司在______________项目存在如下质量缺陷（见下栏），望接到本通知后，请于年月日前完成整改并报验收。 　　需整改内容如下： 　　1. 　　2. 　　3. 　　…… 　　附图： 　　　　　　　　　　　　　　　________单位（发文单位名称） 　　　　　　　　　　　　　　　　　　　　　　年　月　日

D. 0. 2 工程质量保修期到期验收记录表应按照表 D.0.2 的格式编写。

表 D.0.2 工程质量保修期到期验收记录表

工程名称		工程地址	
建设单位		设计单位	
项目管理单位		监理单位	
施工单位		合同编号	
开工日期		竣工日期	
质保期		质保金	
验收项目			
施工单位自检意见	签字（盖章）： 日期：		
监理单位意见	签字（盖章）： 日期：		
项目管理单位意见	签字（盖章）： 日期：		
建设单位意见	签字（盖章）： 日期：		
使用注意事项			

本标准用词说明

1 为规范和区别对待本标准条文用词用语的程度，对于要求严格程度不同的用词用语说明如下：

1）表示很严格，非这样不可的：

正面词采用“必须”，反面词采用“严禁”。

2）表示严格，在正常情况下均应这样做的：

正面词采用“应”，反面词采用“不应”或“不得”。

3）表示允许稍有选择，在条件许可时首先应这样做的：

正面词采用“宜”，反面词采用“不宜”。

4）表示有选择，在一定条件下可以这样做的采用“可”。

2 本标准中指定按其他有关标准、规范执行时，写法为：“应符合……的规定”或“应按……执行”。非必须按所指定的标准和规范执行的，写法为：“可参照……”。

四川省工程建设地方标准

四川省建设工程项目管理标准

Standard of construction engineering
project management in Sichuan Provice

DBJ51/T 101 - 2018

条 文 说 明

制定说明

《四川省建设工程项目管理标准》(DBJ51/T 101 – 2018)，经四川省住房和城乡建设厅 2018 年 8 月 1 日以川建标发〔2018〕969 号公告批准发布。

在本标准制定过程中，编制组进行了广泛的调查研究，总结了我国多个工程项目管理的实践经验，同时参考了国外先进技术法规、技术标准，许多单位、工程师和专家进行了严谨有效的专题讨论，为本次制定提供了极有价值的参考资料。

为了便于广大设计、施工、科研、学校等单位有关人员在使用本标准时能正确理解和执行条文规定，《四川省建设工程项目管理标准》编制组按章、节、条顺序编制了本标准的条文说明，对条文规定的目的、依据以及执行中需注意的有关事项进行了说明。但是，本条文说明不具备与标准正文同等的法律效力，仅供使用者作为理解和把握标准规定的参考。

目　次

1 总 则

1.0.1 本标准吸收了省内多年建设工程项目管理的理论和实践经验，这使得本标准内容适应省内项目管理单位进行建设工程项目管理的需求。本标准的目的是规范项目管理组织行为，提高项目管理单位和人员项目管理水平，提升我省建设工程项目管理质量。

2 术 语

2.0.4 项目管理单位项目经理是项目策划和执行总负责人。项目管理单位项目经理是项目管理团队的组织者，项目经理首要职责是在项目总投资范围内按时优质地带领项目管理团队完成全部项目管理工作内容。项目管理单位项目经理必须在一系列的项目计划、组织和控制活动中做好组织领导工作，从而实现项目目标。

3　基本规定

3.0.1　为保证本标准的名称统一性，本条对建设工程各参建单位的名称使用进行了规定。除已列出的单位名称外，其他咨询单位和专业分包单位等参建单位未全部列出。

3.0.3　项目管理规划大纲应明确项目管理目标、范围职责。项目管理实施规划的作用是健全本项目的具体管理工作制度、内容、程序、方法和措施。项目管理规划大纲及项目管理实施规划均应报建设单位审批后执行。

3.0.4　项目管理单位对项目经理的授权文件应是签章完成后的正式书面文件。

3.0.5　项目部管理人员岗位职责应经过项目管理单位内部审核并通过后再上墙公示。

3.0.6　项目管理单位可结合自身情况，调整对项目部的检查频率，但不应少于每季度一次。

4 项目决策阶段管理

4.0.1 国家和省批准的重大建设项目，应编制选址论证报告；环境影响评价行政审批不再作为可行性研究报告审批或项目核准的前置条件，而是与其他几个审批程序同时进行，但仍需在项目开工前完成。符合安全评价和社会稳定风险评估条件的应进行安全评价和社会稳定风险评估。

4.0.2 项目管理单位应协助建设单位选择相应有能力的编制单位，建立管理制度、工作流程，协助并督促编制单位完成项目决策阶段应取得的批复文件。

4.0.3 项目管理单位应协助建设单位确定有相应能力且符合相关规定的编制单位，督促编制单位按要求完成编制工作，向建设单位提供专业化的建议，从专业化的角度审核编制成果。

4.0.6 项目管理单位应长期关注政策变化，及时调整决策阶段的报批工作流程。

4.0.7 项目建议书阶段的投资估算，是项目投资主管部门审批项目建议书的依据之一，并对项目的规划、规模起参考作用；项目可行性研究阶段的投资估算，是项目投资决策的重要依据，也是研究、分析、计算项目投资经济效果的重要条件。项目管理单位应当组织对造价咨询单位编制的投资估算进行审核，也可委托造价咨询单位对投资估算提供审核咨询意见。

4.0.8 项目在批准立项后，应以经批准的初步设计概算作为建设项目投资控制目标，不得超过设计概算。

5 建设准备阶段管理

5.1 一般规定

5.1.1 项目管理单位根据建设单位授权委托范围，整体把控本阶段涉及的合同、招标、投资控制、报建、勘察设计等方面工作的推进，并对各参建单位进行有效组织、协调及管理，各参建单位根据合同开展落实工作任务并积极配合。

5.2 合同管理

5.2.1 参建单位的合同可由建设单位或经建设单位授权的项目管理单位签订，也可签订三方合同，签订方式应在项目管理合同中明确约定。

5.2.5 项目管理单位组织建设单位、造价咨询单位、招标代理单位等编制项目合同规划，规划明确项目合同实施涉及的合同类型、数量、招标内容（如范围、条件要求、界面划分、计价模式等）、招标方式等方面内容。

5.2.6 项目管理单位组织进行合同洽谈，造价咨询单位、招标代理单位等积极配合开展合同洽谈、修改、完善等工作。

5.2.9 合同履约考核应依据国家、省、市现行有关法律、法规和强制性标准、项目合同及建设单位相关管理规定对相关参建单位进行履约考核。违约者应按合同约定承担违约责任；满足奖励条件的，应按照合同规定进行奖励。

5.3 招标管理

5.3.1 招标策划应围绕项目合同规划进行，须按照国家现行有关法律、法规规定，严格界定招标工程范围。按照国家有关规定需要履行项目审批、核准手续的依法必须进行招标的项目，其招标范围、招标方式、招标组织形式应当报项目审批、核准部门审批、核准。

项目工期目标应根据项目建设规模、已具备的实施条件、常规施工组织方案等合理确定。项目招标时间的安排应遵循两个基本原则：一是必须符合国家现行有关法律法规对招标投标各事项的时限规定；二是各标段的招标时间安排（进场、到货时间）要服从施工进度的要求。

5.3.3 国家、部门或行业为进一步完善招标文件编制规则，提高招标文件编制质量，促进招标投标活动的公开、公平和公正，发布了各种标准文件或示范文本，应根据项目的具体情况予以采用。目前，国家正在大力推行电子招标工作，已出台了很多关于电子招标的规定，因此采用电子招标的项目也应符合其要求。项目采用资格预审方式招标时，项目管理单位应组织进行资格预审文件和招标文件的编制和审核。

5.3.5 项目管理单位接受建设单位委托为其提供项目管理咨询服务，相关成果文件须经建设单位签字确认后方能开展后续工作。

5.3.6 项目管理单位应完成或协助建设单位对招标投标的全过程进行管理，及时处理异议，配合相关行政监督部门对招标阶段投诉的调查处理并完成以下工作内容：

1 开标前的主要工作内容如下：

1）检查拟招标项目是否达到法律法规规定的招标条件。

2）审核招标代理单位编制的招标公告，并在指定媒介上公开发布。

3）审核招标代理单位编制的招标文件，并由招标代理单位组织发售（采用电子招标的，应符合电子招标现行有关规定）。

4）按相关规定及时将招标公告、招标文件向有关行政监督部门备案。

5）组织资格预审（若有）。

6）组织踏勘现场（若有）。

7）组织投标答疑（若有）。

2 开标的主要工作内容如下：

1）监督招标代理单位在招标文件规定的时间、地点依法接收投标文件，并如实记载送达时间和密封情况，存档备查。

2）监督招标代理单位在招标文件规定的时间，按照招标文件的开标程序组织开标、唱标，并作开标记录。

3 评标及公示的主要工作内容如下：

1）监督招标代理单位备齐评标专家抽取所需资料，在监督人员的监督下从依法设立的评标专家库内随机抽取相关专业的专家；属于《招标投标法实施条例》第四十七条规定的特殊招标项目的，经相关部门同意后可以由招标人从评标专家库内或库外直接确定。

2）配合评标委员会顺利推进评标工作。

3）检查评标报告内容是否完整。

4）监督招标代理单位在现行有关法律法规规定时间内，于指定媒介公示评标结果。

4 合同谈判及签订的主要工作内容如下：

1）审核签订合同的主体与中标通知书是否一致。

2）审核签订合同的主要内容与招标文件合同条款中规定的实质性内容是否一致并签订合同。

5 备案的主要工作内容如下：

1）督促招标代理单位将招标有关资料送相关行政监督部门备案。

2）督促招标代理单位进行招标工作总结，整理和装订招标投标的完整档案资料交建设单位存档。

5.3.7 项目管理单位在招标投标过程中，应在规定的时间内及时回复投标人或其他利害关系人提出的书面异议，积极配合相关行政监督部门对投诉的调查，并根据处理决定依法整改。

5.3.8 依法必须招标范围以外的政府投资建设项目和国有资金占控股或者主导地位的项目，采用的发包或采购方式应符合国家相关的法律、法规，四川省规章和规范性文件的要求。其他投资体制的项目可以自行选择发包或采购方式。

5.4 投资管理

5.4.1 投资管理工作是贯穿项目管理全过程、技术与经济相结合的重要工作，项目管理单位在制定的管理制度中应当包含覆盖项目决策阶段、准备阶段、实施阶段、竣工验收及移交阶段等各阶段的投资管理总体控制制度，各阶段还应根据项目的实际情况制定具体的投资管理控制办法。项目管理单位组建的管理团队中宜配备工程造价专业人员，并明确其岗位和职责。

5.4.3 项目管理单位应当组织相关单位对设计概算进行编制，并对设计概算进行审核，分析总体目标和各分项目标是否达到限额设计目标，也可委托造价咨询单位对设计概算进行审核。项目管理单位应将通过审核的设计概算报建设单位和相关部门审批。若项目编制有施工图预算，项目管理单位应组织相关单位进行审核和报批等工作（下同）。

5.4.4 按照基本建设程序管理规定，建设项目投资估算是投资的最高限额，设计概算不得超过投资估算，施工图预算不得超过设计概算。如确需超概算时，项目管理单位应协助建设单位编制相应调整文件，同时做出相应的原因分析报告，并报原审批部门审核批准。

5.4.5 设计阶段对项目投资影响最大，限额设计是项目投资控制的重要方法，在设计过程中要明确限额目标，实现工序管理，使限额设计贯穿于方案设计、初步设计和施工图设计等设计各阶段。限额设计工作可委托造价咨询单位配合设计单位完成，发挥各自专业优势。设计人员负责设计及调整优化工作，工程造价专业人员负责对设计及调整优化进行造价分析及测算工作，工程造价专业人员与设计人员需在限额设计过程中反复配合，调整优化设计，最终实现限额设计目标。

5.4.6 采取工程总承包方式进行发包的，在工程总承包招标文件中应明确发包人对项目使用需求（或功能需求），并明确单项工程、单位工程设计限额和设计方限额设计的责任，项目管理单位应在设计各阶段对设计方是否按照限额设计进行控制和管理。

5.4.8 在发承包合同签订前，项目管理单位应依据招标文件对中标人的投标文件和投标报价进行分析，对不明确的问题应在合同条款中进行细化和补充或在补充条款中进行明确。

清标工作应包括下列内容:对招标文件实质性响应情况分析;对投标报价错、漏项分析;对综合单价合理性分析;对措施项目清单报价完整性和合理性的分析;对其他项目清单项目完整性和合理性分析;对不可竞争性费用合理性分析;对暂列金额、暂估价正确性进行复核;对不平衡报价进行分析;总价与合价的算术性复核和修正建议;其他应分析和澄清的问题。

5.5 报建管理

5.5.6 项目符合报建费缴纳减免条件的,项目管理单位应协助建设单位提供相关资料申请减免。

5.5.11 此阶段的报建工作关系到项目能否顺利开工,制订的报建工作计划需确定重要的报建成果,并依次制订报建工作的里程碑计划和详细工作计划,按照计划时间节点周密安排此阶段的报建管理工作。

5.6 勘察设计管理

5.6.2 提供详细的项目使用需求或功能需求报告是建设单位的应尽义务,但鉴于专业技术的不匹配和信息不对称,建设单位提供的项目使用需求或功能需求可能存在欠缺,项目管理单位可以发挥专业咨询服务的优势,协助建设单位进一步完善项目使用需求或功能需求报告,以实现限额设计的管理控制。

方案阶段到初步设计阶段的限额设计投资目标应控制在批准的投资估算及设计任务委托书内,初步设计阶段到施工图阶段的限额设计投资目标应控制在批准的初步设计概算及设计任务委托书内。

初步设计阶段限额设计投资目标纵向应分解到单位工程，对建设项目影响较大的专项工程也可单独分解，如幕墙工程、钢结构工程、屋面工程等，也可单独列出；施工图设计阶段限额设计投资目标纵向应分解到分部或分项工程。

5.6.6 项目管理单位对各类设计文件复核要点如下：

1 方案设计成果：是否满足政府有关批文中对设计的要求；是否满足设计任务书中的相关要求；是否满足业主决策性文件中对设计的相关要求等。

2 初步设计成果：方案意见的落实情况。

3 施工图设计成果：图纸的完整性；图纸深度是否满足现行规范规定的要求。

5.6.7 鉴于项目报建工作的特殊性，项目所处地区不同，流程也不同，项目管理单位应在报建工作进行前咨询相关职能部门，对具体需提交的资料和相关规定进行确认。

5.6.10 拟订工程勘察工作计划应包括下列内容：工程名称、项目概况、拟建设地点、勘察范围、勘察具体内容与要求、提交勘察成果内容与时间、根据工程项目建设计划和设计进度计划拟订工程勘察进度计划。

5.6.11 项目管理单位审核设计进度计划的要点应包括下列内容：合同对设计进度的要求、项目总进度计划的要求、设计进度计划编制的科学性、是否包含与分包设计的配合协调、是否考虑结构超限论证、消防性能分析等。

6 建设实施阶段管理

6.1 一般规定

6.1.3 项目实施阶段的管理实施规划：健全项目部实施阶段的具体管理工作制度、内容、程序、方法和措施等。项目管理实施规划应报建设单位批准执行。

6.1.4 管理及协调方法：工作约谈、协调会、专题会、工作联系单、管理通知单、处罚等。

6.1.7 施工阶段的设计工作主要包含深化设计审查、设计变更、技术核定、参与重大施工方案审查、现场技术服务等。

6.2 投资管理

6.2.1 项目管理单位应根据项目实际情况与造价咨询单位协同工作，共同建立项目实施阶段工程造价管理制度与流程等，明确项目各参与方在造价管理上的职责范围、工作权限、具体责任人、工作流程及工作时效。实施阶段工程造价管理制度与流程不得违背国家相关规范、标准和建设单位管理制度规定。

6.2.3 项目通过招标控制价审核的，项目管理单位在实施过程中尚应督促造价咨询单位进行动态控制和风险分析，以实现结算价不超过经审核的招标控制价的投资控制阶段目标。

6.2.5 造价咨询单位应对签约合同价进行全面详细复查并出具复查意见或报告，项目管理单位应根据造价咨询单位复查意见或报告制定防范措施和实施合同交底。

合同价复查工作应包含下列内容：根据正式设计图纸、图纸会审纪要对工程进行重计量；对错项、漏项、多项工程量进行计价；分析重计量后工程量与中标工程量的差异及对合同价格的影响；分析综合单价、取费标准合理性；分析不平衡投标报价对重计量后的造价影响，并提出注意事项及处理方案；其他应分析的问题；根据合同价复查结果建立项目计量管理台账。

6.2.6 造价咨询单位应提交编制的资金使用计划表，经项目管理单位审核后提交建设单位，建设单位应对资金使用计划进行批准或提出调整建议。

6.2.7 实施阶段各种款项的支付还应符合委托项目管理合同约定。

6.2.8 工程款支付台账应按合同分类建立，其内容应包括已完合同价款金额、已支付合同价款金额、预付款金额、未支付合同价款金额等。

6.2.9 工程变更、工程签证和工程索赔的审核程序和审核时间应当符合施工合同约定时效，项目管理单位应在工程变更、工程签证确认前，组织造价咨询单位对工程变更、工程签证可能引起的费用变化进行测算，作为变更签证决策的依据。工程变更和工程签证的审核应包括变更或签证的必要性、合理性审核，变更或签证方案的合法性、合规性和有效性审核，变更或签证方案的可行性、技术性、经济性审核。

工程索赔的审核应包括索赔事项的时效性、程序的有效性和相关手续的完整性审核，索赔理由的真实性和正当性审核，索赔资料的全面性和完整性审核，索赔依据的关联性审核，索赔工期和索赔费用计算的准确性审核。

6.2.11 造价咨询单位应编制工程造价动态管理报告，该工程造价动态管理报告中应进行投资偏差的分析与纠正。投资偏差的分析主要包括偏差原因和偏差类型的分析。偏差类型主要有投资增加且工期拖延、投资增加但工期提前、工期拖延但投资节约、投资节约且工期提前等四种情况。投资偏差的纠正是在实际投资偏离计划投资情况进行的纠偏过程，也是制订计划、实施工作、检查进度与效果、纠正与处理偏差的滚动的PDCA循环过程。项目管理单位应组织相关单位对工程造价动态管理报告进行审核，以采用相应的措施对投资进行有效的控制。

6.3 进度管理

6.3.3 项目管理单位控制进度计划包含：总进度控制计划、里程碑计划和节点进度计划等。

施工单位编制进度计划作为组织施工依据，施工进度计划包括：施工总进度计划、阶段进度计划、子项目进度计划、年（季）度计划等。

编制进度计划可用文字说明、里程碑表、工作量表、甘特图、网络图等方法。

6.3.4 项目管理单位对施工进度计划审核的主要内容宜符合下列要求：

1 进度安排是否符合工程项目建设总进度计划中总目标和里程碑分目标的要求，是否符合施工合同中开工、竣工日期的规定。

2 施工总进度计划中的项目是否有遗漏，分期施工是否满足分批使用的需要和配套使用的要求。

3 施工顺序的安排是否符合施工程序的要求。

4 劳动力、材料、构配件、机具和设备的供应计划是否能保证进度计划的实现，供应是否均衡，需求高峰期是否有足够能力实现保障和供应。

5 施工进度的安排是否与设计单位的图纸供应进度相一致。

6 总包单位和分包单位分别编制的各项单位工程施工进度计划之间是否协调，专业分工与衔接是否明确合理。

7 甲供材料及设备由施工单位根据总进度计划编制相应的需求计划，需求计划应根据设计文件及合同约定，包括甲供材料及设备的具体参数指标、数量和进场时间要求等，施工单位须对该计划的准确性负责。

6.3.6 项目管理单位对施工单位进度计划的检查宜符合下列要求：

1 进度计划的定期检查主要包括年、季、月、周检查；不定期检查指由建设单位或项目管理单位、监理单位等组织的专题（项）检查。进度检查的主要内容宜符合下列要求：

1）检查工程量的完成情况。

2）检查工作时间的执行情况。

3）检查资源使用及与进度的匹配情况。

4）检查上次检查提出问题的整改情况。

2 施工单位进度报告主要内容宜符合下列要求：

1）进度执行情况的概述。

2）实际进度与计划进度的对比资料。

3）进度计划的实施问题及原因分析。

4）进度执行情况对质量、安全和成本等的影响情况。

5）采取的措施和对未来计划进度的预测。

6.3.7 进度管理控制措施宜符合下列要求：

1 进度管理的组织措施：督促、检查、审核进度管理体系、管理机构、配备人员；明确进度管理目标、任务；落实管理制度；定期组织召开现场协调会议，以解决工程施工过程中的相互协调配合问题，特别是施工单位无力解决的内外协调问题；对于某些未曾预料的突发变故或问题，督促有关单位采取应急措施维护工程施工的正常秩序。

2 进度管理的技术措施：采用流水作业方法、科学排序方法和网络计划方法；使用计算机辅助进度管理；实施动态控制。

3 进度管理的经济措施:提供实现进度计划的资金保证；建立严格的奖惩制度；提供设备材料等供应保证；加强索赔管理。

4 进度管理的合同措施：明确合同的进度目标；严格控制合同变更；充分考虑风险因素对进度的影响。对施工单位申报的已完的分项工程量进行核实，组织监理、过控人员通过检查验收后，签发工程进度款支付凭证，及时支付工程进度款。

5 进度管理的信息管理措施：应建立进度报表制度（季、月、周报），及时收集工程实施实际进度的有关信息并进行整理统计；对实际进度与计划进度进行比较；项目管理单位应定期向建设单位提供进度报告。

6.3.8 调整进度计划主要应通过对施工内容、工程量、起止时间、资源供应的调整，或通过局部改变施工顺序，重新确认作业过程项目协作方式等工作关系的调整，充分利用施工的时间和空间进行合理交叉衔接等措施，编制调整后的施工进度计划并审批实施达到纠偏目的。

6.3.11 进度计划应按下列流程进行进度管理控制：

1 在项目管理实施前根据控制目标进行工作结构分解，按需要编制不同深度的项目控制进度计划，提出进度管理措施。

2 落实各方进度计划管理责任。

3 实施进度计划，在实施进度计划的过程中，不断检查，记录和收集实际进度数据。

4 将实际进度数据与进度计划进行比较，确定进度偏差。

5 采取措施纠正偏差或调整进度计划，保证实际进度按计划进行。

6 当采取纠正偏差措施或调整进度计划不能保证进度计划实现时，可变更进度计划，并将更新后的进度计划报相关单位审批，然后按上述程序执行新的进度计划。

上述过程不断动态进行，直至项目完成。

6.4 质量管理

6.4.1 项目管理单位应按照国家法律法规和建筑工程施工规范及验收标准建立质量管理制度，制定质量管理考核制度，落实各参建单位和各参建人员的质量责任，落实五方责任主体项目负责人的质量终身责任。

6.4.2 项目管理单位全过程跟踪检查工程实体质量情况，确保各阶段性质量目标和项目总体目标的实现，同时应落实工程质量责任制，并对相关人员质量行为进行监督。

6.4.3 项目管理单位应审核监理单位的质量检查体系和施工单位的质量保证体系是否健全，设备和人员能否满足施工要求。对监理单位和施工单位质量体系不健全的，要责令其定期整改，直到满足施工要求为止。

6.4.4 项目管理单位应检查由监理审查的施工组织设计和主要的分部分项工程施工方案。与施工单位、监理单位协商拟订工程的特殊工序、关键工序、重要部位关键控制点及控制措施，作为工程施工中控制的重点。

6.4.5 项目管理单位应会同参建单位针对工程的实际情况和施工工艺等要求设置“见证点”和“关键控制点”，在实施过程中进行检查，并应对相关记录进行抽查确认。

6.4.7 监理单位应对工程原材料、构配件、设备的生产厂商、规格、型号、主要技术参数、数量、拟用部位等进行审查；项目管理单位应检查监理单位对原材料、构配件、设备的验收情况，严格做到进场材料未经验收或验收不合格不得使用。

6.4.9 项目管理单位应检查功能性试验方案的审核手续，可提出进一步优化的建议，在试验过程中要及时发现问题，分析原因并制订解决方案。

6.4.11 在不影响施工正常进行的情况下，项目管理单位应随时检查施工单位是否严格按照标准、规范和设计图纸要求以及工程师发出的指令施工。对于工程质量达不到约定标准的部分，要责成施工单位进行整改或返工，直到符合约定标准为止。

6.4.12 当不符合项处于萌芽状态时，项目管理单位就应及时制止，并要求施工单位立即更换不合格的材料、设备和不称职的施工人员，或要求立即改变不正确的施工方法及操作工艺。

6.4.13 项目管理单位对工程资料的管理宜包括下列内容：

1 在工程管理和施工过程中，对监理单位和承包人提交的报告要按约定时间做出书面答复。

2 随时抽查监理单位、施工单位的施工原始资料和与工程有关的其他资料。

3 按合同要求，责成监理单位提交监理工作月报及监理业务范围内的专项报告，责成施工单位提交施工组织设计、施工方案、工程进度和工程量报告以及其他有关方案或报告。

4 及时做好项目管理单位自身工程资料的收集、整编工作，要使整编资料真实准确地反映出施工完成情况，以及施工管理过程中发生的关键问题和处理结果。

5 监督监理单位和承包单位按照诚实信用的原则，真实准确地做好施工过程记录和有关报告。决不允许有篡改事实真相、出具假报告等违规违法现象发生。

6.5 安全生产管理

6.5.1 项目管理单位经建设单位委托，直接实施项目管理，代表建设单位行使相应职责，同时也承担相应的安全管理责任，增强安全意识，并将安全责任分解到各岗位人员。

6.5.2 项目管理单位应督促各参建单位建立项目相应的安全生产管理体系，组织各参建单位确定安全生产管理目标，并将目标分解落实到人。

6.5.3 项目管理单位应督促施工单位对施工各阶段、部位和场所的重大危险源、危险性较大的分部分项工程制定应对措施。

6.5.4 项目管理单位应建立项目应急救援领导小组，按照施工单位编制的应急救援预案，协调、配合应急救援。

6.5.5 项目管理单位应督促施工单位在施工现场显著位置公告危险性较大的分部分项工程名称、施工时间和具体责任人员，并在危险区域设置安全警示标志。

6.5.6 专项施工方案实施前，编制人员或者项目技术负责人应当向施工现场管理人员进行方案交底，交底人、被交底人应签字记录。

6.5.7 项目管理单位组织的安全检查应包括对施工现场安全生产管理及施工设施、机械设备和劳动防护用品等进行检查，可按日常性、专业性、季节性、节假日前后等方式进行安全检查。安全检查记录表应与监理、施工单位的整改回复资料闭合。

6.5.10 安全生产许可证的有效期为3年。项目管理单位要督促监理单位检查核实施工单位安全生产许可证有效期满后是否延期有效。

6.5.14 安全事故发生后，要做好事故报告、事故调查、事故处理、事故结案工作。

6.5.16 项目管理单位应按合同约定实施项目安全文明施工标准化工地建设工作，按规定组织施工、监理单位进行安全文明施工自评，自评组人员应为各参建单位项目负责人或分管安全的负责人。

6.6 过程验收管理

6.6.1 建设工程项目应建立完整的质量保证体系和验收管理制

度，并在建设、监理单位的监督指导下，按照合同约定的质量要求与质量管理程序进行作业，保证工程施工质量。

6.6.2 建设工程项目各方责任主体均应参加工程质量验收，参加验收的人员应具备相应的资格。建设单位可委托项目管理单位组织进行过程工程质量验收。

6.6.3 隐蔽工程在隐蔽前，施工单位应按照有关标准规范和设计图纸要求自检验收合格后，向监理单位（建设单位）进行验收申请，由监理工程师（建设单位项目技术负责人）组织进行验收，参加验收人员在隐蔽工程质量验收记录上签字盖章确认。

6.6.4 涉及结构安全的试块、试件以及有关材料应在建设、监理单位的见证下送至检测单位进行检测，承担见证取样检测及有关结构安全检测的单位应具有相应资质。

6.6.5 建设工程各阶段验收均应在施工单位自检、互检、专检质量合格，资料完整的基础上进行。

7 竣工验收及移交阶段管理

7.1 一般规定

7.1.2 工程项目竣工验收过程中，项目管理单位根据合同约定代理建设单位实施各项管理和协调工作。

7.1.3 项目管理单位组织制订具体的竣工验收准备工作计划和工作程序。建设单位、勘察设计单位、施工单位和监理单位按相关要求准备相关资料。

7.1.4 项目管理单位组织监理单位和施工单位，结合相关工程质量标准对交付竣工验收的工程实体及资料进行检查，确认具有完整的工程技术经济资料和经签署完整的工程质量保修书及其他竣工条件。

7.1.5 建设单位、勘察设计单位、施工单位和监理单位根据相关规定编制项目竣工文件资料。

7.2 竣工验收

7.2.2 预验收工作由监理单位组织，项目管理单位、建设单位、勘察设计单位、施工单位等相关单位必须参加。

7.2.6 项目管理单位组织监理单位等对工程竣工验收资料进行核实，确认相关内容齐备，满足工程竣工验收要求。

1 完成工程设计和合同约定的各项内容。

2 施工单位在工程完工后对工程质量进行了检查，确认工程质量符合有关法律、法规和工程建设强制性标准的规定，符合设计文件及合同要求，并提出工程竣工报告申请。工程竣工报告应经项目经理和施工单位有关负责人审核签字。

3 监理单位对工程出具了工程质量评估报告。

4 勘察、设计单位对工程出具了工程质量检查报告。

5 有完整的技术档案和施工管理资料。

6 有工程使用的主要工程材料、构配件和设备的进场试验报告，以及工程质量检测和功能性试验资料。

7 建设单位已按合同约定支付工程款。

8 有施工单位签署的工程质量保修书。

9 对于住宅工程，进行分户验收并验收合格，建设单位按户出具住宅工程质量分户验收表。

10 建设主管部门及工程质量监督机构责令整改的问题全部整改完毕。

11 法律、法规规定的其他条件。

7.2.13 并联竣工验收申请时根据有关部门要求准备相关资料。主管部门及其他承办部门进行现场踏勘和监督的安排，由建设单位和相关部门根据工程规模及进度共同商定。

7.2.14 办理工程竣工验收备案应提交下列文件：

1 工程竣工验收备案表。

2 工程竣工验收报告。

3 法律、行政法规规定应当由规划、环保等部门出具的认可文件或者准许使用文件。

4 法律规定应当由公安消防部门出具的对大型的人员密集场所和其他特殊建设工程验收合格的证明文件。

5 施工单位签署的工程质量保修书。

6 法规、规章规定必须提供的其他文件。

7 住宅工程还应当提交住宅质量保证书和住宅使用说明书。

7.2.15　峻工验收及备案流程可参照图 1 执行

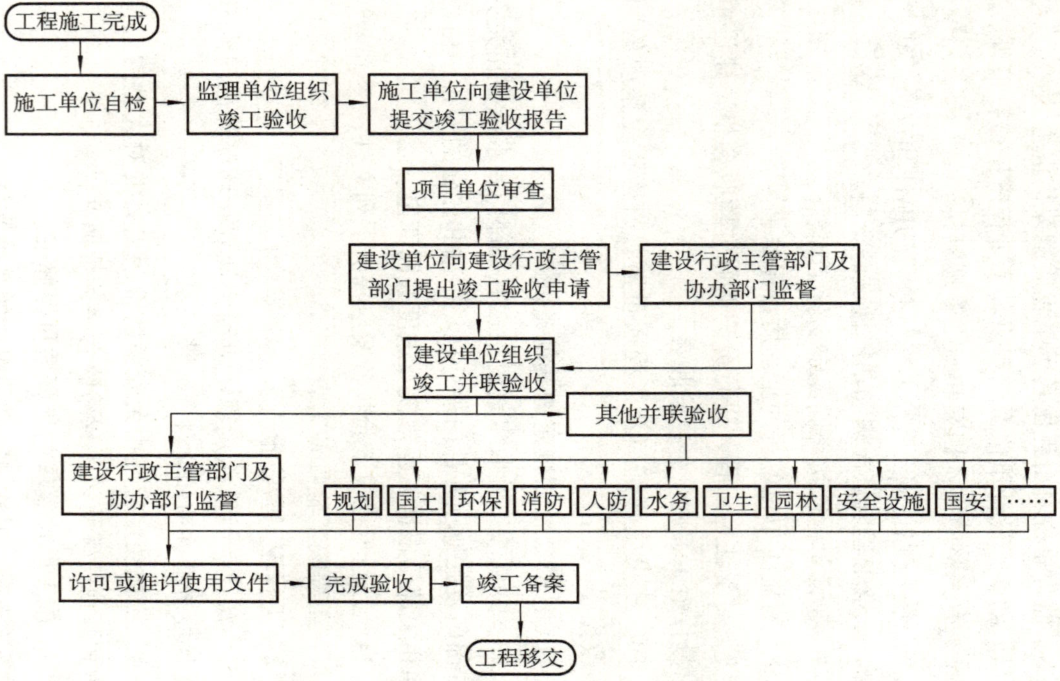

图 1　工程验收备案流程图

7.3 结算管理

7.3.1 施工单位在提交竣工结算报告的同时应当提交完整的结算资料，监理单位和项目管理单位应当及时对提供的结算资料的完整性进行审核，若提供资料不完整的，应当要求施工单位整改后再进行提交。

7.3.2 项目管理单位应在施工合同规定的时间内组织和配合进行竣工结算审核。监理单位应对工程竣工结算和竣工结算支付申请进行初步审核；若实施阶段委托有造价咨询单位的，还应由造价咨询单位进行审核；项目管理单位应对造价咨询单位出具的审核结果进行复核；若建设单位另行委托中介机构进行竣工结算审核的，项目管理单位应配合审核工作；经各方确认后出具正式的竣工结算审核报告，作为向施工单位支付工程结算价款的依据。

若项目列入政府审计机关审计计划的，参建各方均应配合审计机关的审计工作。

7.3.3 会商会议是有关各方为顺利开展竣工结算审核工作而就结算审核过程中遇到的问题召开的专业会议。竣工结算审核会商会议一般由项目管理单位组织召开，会议应以纪要的形式明确会议时间、地点、参加人员、会议议题、会商结果等内容。与会各方签认后，一般可作为竣工结算审核的依据。

7.4 档案管理

7.4.4 为保证工程资料体系的完整与统一性，工程文件的格式在建设行政主管部门规定要求的统一格式外，项目已确定并已使用的表格，格式不可随意调整变更，若根据项目阶段性实施情况必须做调整变更的，应提前告知各参建单位。

7.5 竣工移交管理

7.5.8 竣工资料移交建设单位的时间期限应按照建设单位已经发布项目相关档案管理规定进行移交，若建设单位无相关规定，应按照合同中约定的时间期限移交。若均未规定，可在竣工结算或决算审计（政府审计）结束、并正式移交城建档案管理机构后一个月内完成。

7.5.9 建设单位发布的项目相关档案管理规定，要求移交的竣工资料归档目录一般按照建设行政主管部门相关规定要求的建设单位归档的资料目录进行归纳细化，目录内容范围一般大于建设行政主管部门相关规定要求的建设单位归档的资料目录，质量保修文件随竣工资料一并移交。

8 质量保修阶段管理

8.1 一般规定

8.1.1 质量保修期限按国家规定执行，建设单位有特殊要求时，按合同约定执行。

8.1.2 工程质量保修制度：建设工程竣工经验收后，在规定的保修期限内，因勘察、设计、施工、材料等原因造成的质量缺陷，应当由施工单位负责维修、返工或更换，由责任单位负责赔偿损失的法律制度。建设工程质量保修制度对于促进建设各方加强质量管理，保护用户及消费者的合法权益可起到重要的保障作用。

8.1.4 对质量缺陷，责任单位应按要求及时处理，质量事故责任单位未按要求及时进行维修的，项目管理单位可协助建设单位另行委托施工单位修复，发生的费用由责任单位支付。对非因施工单位原因造成的工程质量缺陷，项目管理单位应协助建设单位处理质量缺陷涉及的施工、验收以及费用事宜，并及时向责任单位提出索赔。

9 项目管理工作总结

9.1 一般规定

9.1.2 项目管理总结分阶段编制：按项目阶段划分可编制项目决策阶段管理总结、建设准备阶段管理总结、建设实施阶段管理总结、竣工验收及移交阶段管理总结、质量保修阶段管理总结；按项目实施进度划分可编制季度项目管理总结、半年项目管理总结、年度项目管理总结。

9.2 主要工作内容

9.2.2 项目需求和实施范围的变更是指项目功能需求或实施边界的变化，当变更出现时，项目管理单位应及时分析变更对项目的影响情况，并制定应对措施或及时调整项目实施计划。